Banani De

Degeneração oxidativa do óleo de mostarda: Química e Nutrição

Banani De

Degeneração oxidativa do óleo de mostarda: Química e Nutrição

ScienciaScripts

Imprint

Cover image: www.ingimage.com

This book is a translation from the original published under ISBN 978-620-2-05019-7.

Publisher:
Sciencia Scripts
is a trademark of
Dodo Books Indian Ocean Ltd. and OmniScriptum S.R.L publishing group

120 High Road, East Finchley, London, N2 9ED, United Kingdom
Str. Armeneasca 28/1, office 1, Chisinau MD-2012, Republic of Moldova, Europe
Printed at: see last page
ISBN: 978-620-8-22182-9

CONTEÚDO

CAPÍTULO 1

Sobre o óleo de mostarda: origem e parâmetros nutricionais

Os óleos vegetais são obtidos a partir das sementes, das folhas e de várias outras partes de uma planta. Uma grande variedade destes óleos é extraída de diferentes tipos de plantas. São compostos por ésteres de triglicéridos. Estes óleos contêm pouca quantidade de gorduras saturadas e são particularmente desprovidos de colesterol. São constituídos por triglicéridos de ácidos gordos que sofrem hidrólise para libertar ácidos gordos livres e glicerol quando sujeitos a temperaturas elevadas, humidade e armazenamento prolongado.

O óleo de mostarda é extraído das sementes da planta *Brassica nigra* da família das crucíferas. É uma semente oleaginosa bem conhecida e uma cultura anual. Tem um caule redondo com longos nós, folhas simples, alternas e muito macias, de cor verde-amarelada. As sementes secas de mostarda são pequenas, redondas e de cor castanha escura ou acinzentada. Não têm cheiro, mas quando esmagadas e humedecidas com água, emitem um cheiro forte peculiar. Existem dois tipos de óleo de mostarda: o óleo de mostarda preta (cor clara), com um odor picante e um sabor forte, e o óleo de mostarda branca (cor amarela), com um sabor picante. O óleo de mostarda obtido a partir de sementes de mostarda preta é utilizado para fins culinários. As sementes de mostarda branca são obtidas a partir das sementes de *Sinapis alba* da família Brassicaceae. As sementes de mostarda branca são sementes duras e redondas, geralmente com cerca de 1 a 1,5 milímetros de diâmetro, com uma cor que varia entre o bege ou amarelo e o castanho claro. As sementes contêm sinalbina, que é um tioglicosídeo responsável pelo seu sabor picante, enquanto as sementes de mostarda preta contêm sinigrina. A mostarda branca tem menos óleos voláteis e o sabor é considerado mais suave do que o produzido pelas sementes de mostarda preta.

As sementes de mostarda preta são originárias da Eurásia. É cultivada na Europa, Bélgica, China, Índia e Japão há muito tempo. Tem sido utilizada pelos romanos, gregos e indianos desde a antiguidade. A planta é cultivada como uma cultura de campo na maioria dos países temperados. As sementes de mostarda branca são originárias da região mediterrânica.

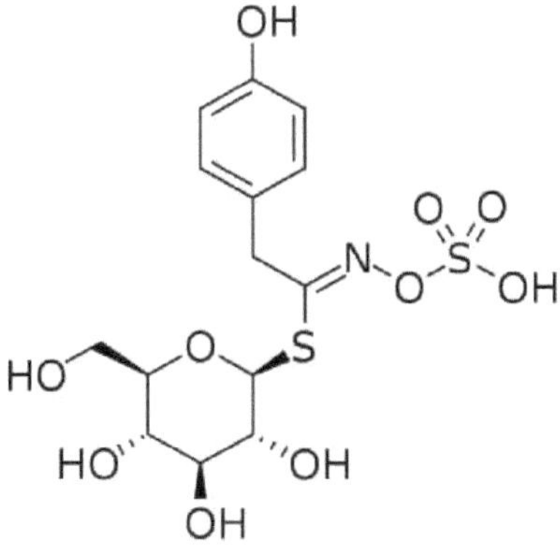

Sinalbina

A sinalbina é metabolizada pela enzima mirosinase para formar isotiocianato de 4-hidroxibenzilo. O sabor menos acentuado da mostarda branca deve-se ao facto de o isotiocianato de 4-hidroxibenzilo ser instável e se degradar para produzir álcool 4-hidroxibenzílico e um ião tiocianato, que não são pungentes.

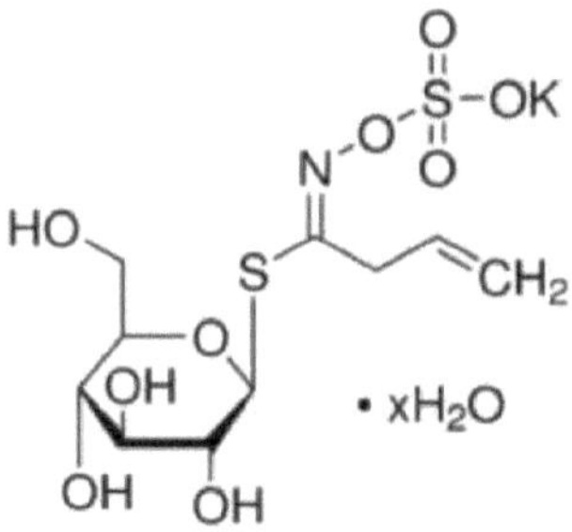

Sinigrin

Sempre que o tecido vegetal que contém sinigrina é esmagado, a enzima mirosinase degrada a sinigrina em isotiocianato de alilo, que é responsável pelo sabor picante da mostarda.

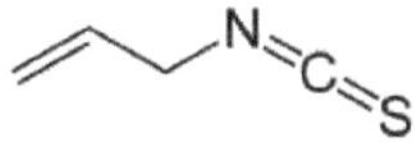

isotiocianato de alilo

Brassica nigra (Mostarda preta) *Sinapis alba* (Mostarda branca)

O óleo de mostarda é o terceiro maior óleo comestível produzido no mundo, depois do óleo de soja e do óleo de palma. Com um nível de produção de 13-14 milhões de toneladas, representa cerca de 12% da produção mundial total de óleo comestível. Refere-se a dois tipos diferentes de óleo que são produzidos a partir de sementes de mostarda. Trata-se do "óleo vegetal gordo", resultante da prensagem das sementes, e do "óleo essencial", resultante da moagem das sementes, da sua mistura com água e da extração do óleo volátil resultante por destilação.

O óleo de mostarda, conhecido pela sua pungência, sabor e cheiro fortes, é tradicionalmente o óleo mais preferido para várias utilizações culinárias e medicinais. As sementes são conhecidas por ajudarem a digestão e promoverem o apetite. Também é utilizado para curar constipações, calafrios, tosse, reumatismo, artrite, dores e dores. As investigações sugerem que as pessoas que utilizam óleo de mostarda para fritar alimentos reduzem o risco de ataque cardíaco em quase 71%.

O teor de nutrientes do óleo de mostarda sugerido pelas análises asiáticas é apresentado no quadro 1.

Quadro 1: Composição nutricional do óleo de mostarda / 100g

Nutriente	Quantidade / 100 gramas
Energia	469 Kcal
Humidade	5
Proteína	25
Hidratos de carbono	28.2
Fibra	5.2
Cinzas	4.1
Cálcio	410 mg
Fósforo	613 mg
Ferro	20,9 mg
P - caroteno	630 mg
Tiamina	0,40 mg

O óleo de mostarda contém uma enzima mirosina, uma glucosidase, que produz, após hidrólise - isotiocianato de alilo - um óleo de sabor pungente mas quase inodoro. Contém 0,30-0,35% de isotiocianato de alilo. Este óleo actua como conservante. O óleo de mostarda também tem um bom equilíbrio de ácidos gordos Omega - 6 e Omega - 3 na proporção de 10: 1, raramente encontrado em qualquer outro óleo. O teor de ácidos gordos do óleo de mostarda é apresentado no quadro 2.

Tabela 2: Composição em ácidos gordos do óleo de mostarda

Ácido palmítico	3%
Ácido esteárico	3.5%
Ácido araquídico	2.4%
Ácido beénico	2.1%
Ácido lignocérico	1.1%

Ácido oleico	24%
Ácido eicosenóico	11.6%
Ácido erúcico	55%
Ácido linoleico	16%
Ácido linolénico	10%

Estruturas dos ácidos gordos presentes no óleo de mostarda

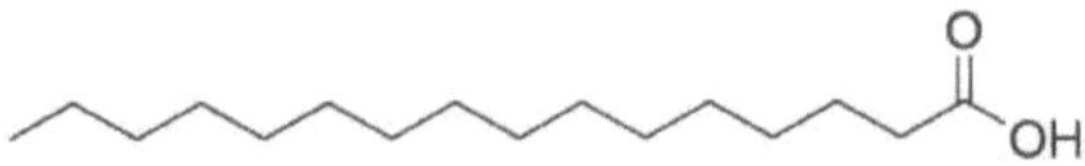

Ácido palmítico, ou ácido hexadecanóico <u>Fórmula</u>: $C_{16}H_{32}O_2$ Números lipídicos C16:0

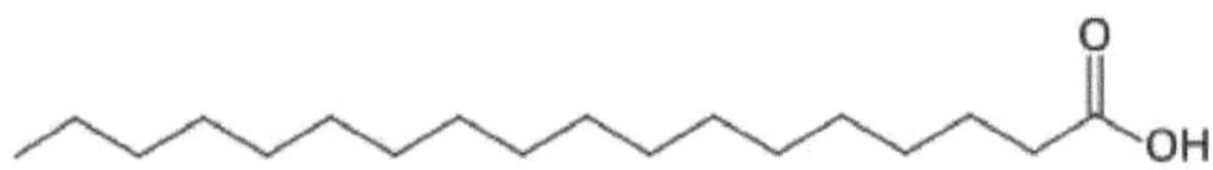

Ácido esteárico ou ácido octadecanóico Fórmula $C_{18}H_{36}O_2$ Números lipídicos C18:0

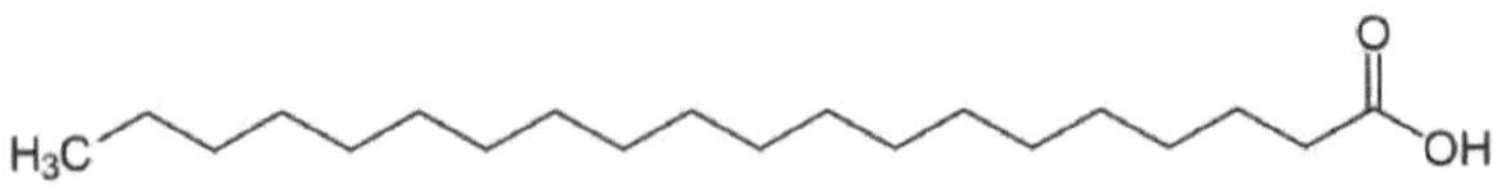

Ácido araquídico ou ácido isosanóico Fórmula $C_{20}H_{40}O_2$ Números lipídicos C20:0

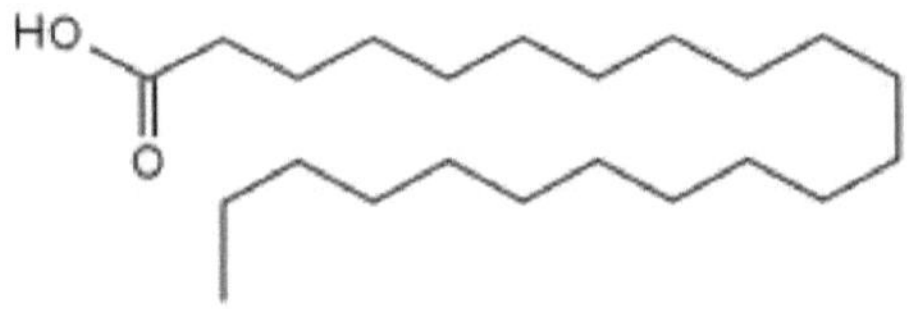

Ácido beénico ou ácido docosanóico Fórmula $C_{22}H_{44}O_2$ Números lipídicos C22:0

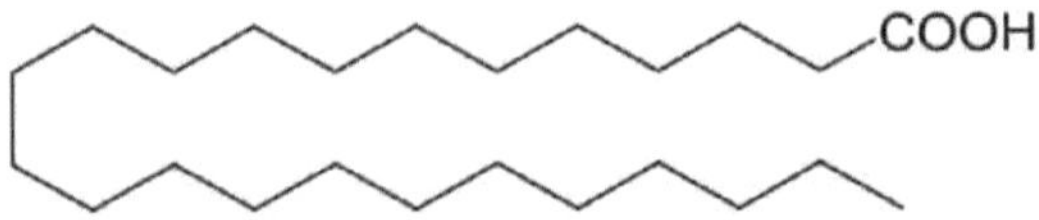

Ácido lignocérico ou ácido tetracosanóico Fórmula $C_{24}H_{48}O_2$ Números lipídicos C24:0

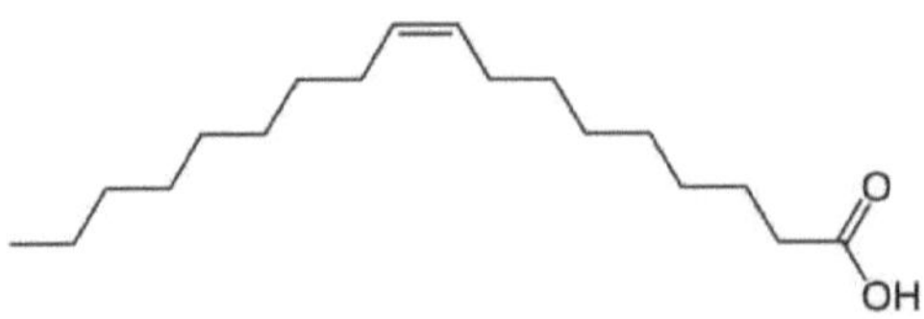

Ácido oleico ou ácido (*9Z*)-Octadec-9-enóico Fórmula $C_{18}H_{34}O_2$ Números de lípidos C 18:1 cis-9

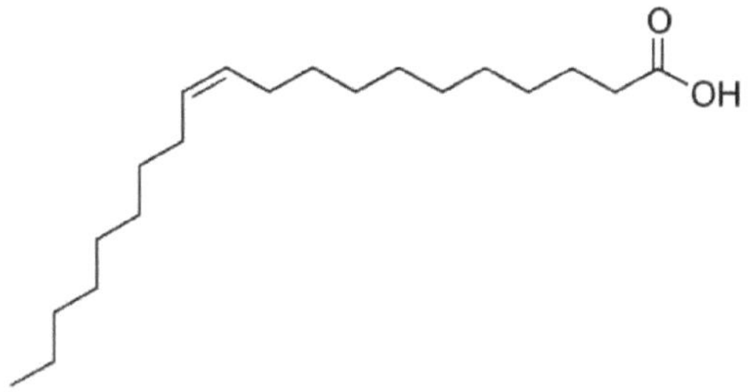

Ácido 11- eicosenóico (ácido gondóico) ou ácido (*Z*)-Eicos-11-enóico Fórmula $C_{20}H_{38}O_2$ Números de lípidos C 20:1 cis-11

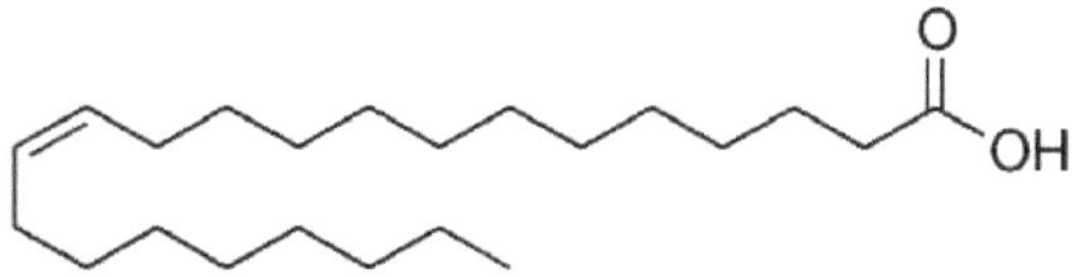

Ácido Eurcic ou ácido (*Z*)-Docos-13-enóico Fórmula $C_{22}H_{42}O_2$ Números lipídicos C 22:1

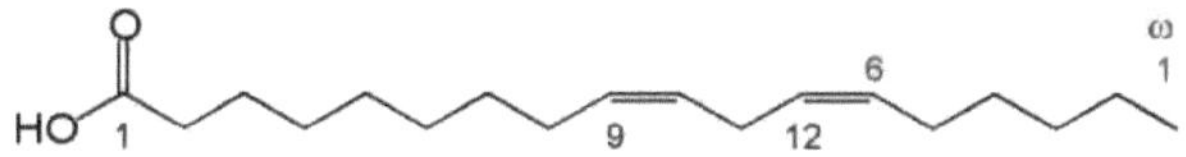

Ácido linoleico ou ácido (*9Z,12Z*)-Octadecadienoico Fórmula $C_{18}H_{32}O_2$ Números lipídicos C 18:2

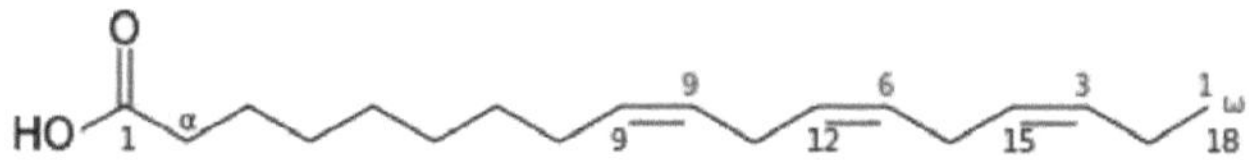

Ácido α-linolénico (ALA) ou ácido (*9Z,12Z,15Z*)-Octadecatrienóico Fórmula $C_{18}H_{30}O_2$ Números lipídicos C 18:3

O óleo de mostarda, disponível localmente, é frequentemente adulterado com óleo obtido a partir de Argemone Mexicana. Trata-se de uma espécie de papoila encontrada no México e atualmente naturalizada nos Estados Unidos, na Índia e na Etiópia. Trata-se de uma erva anual com seiva amarela brilhante. As sementes de argemone assemelham-se às sementes de mostarda preta. As sementes contêm 20 - 36% de óleo não comestível amarelo pálido conhecido como óleo de argemona. A composição de ácidos gordos do óleo de argemona é quase semelhante à do óleo de mostarda. A razão para a sua não-comestibilidade é a presença de alguns alcalóides tóxicos que causam hidropisia epidémica, nomeadamente - sanguinarina e dihidrosanguinarina. Quatro alcalóides isoquinolínicos quaternários, a dehidrocorydalmina, a jatrorrhizina, a columbamina e a oxiberberina, foram isolados de toda a planta da Argemone Mexicana.

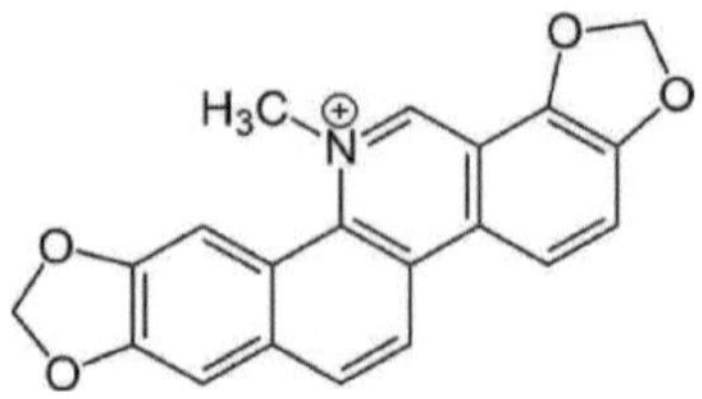

Sanguinarina

Quadro 3: Composição em ácidos gordos do óleo de argemona

Ácido mirístico	0.3%
Ácido palmítico	11.1%
Ácido esteárico	1.8%
Ácido lignocérico	0.1%
Ácido hexa - decenóico	0.8%
Ácido oleico	21.3%
Ácido linoleico	58.6%

Foi demonstrado que a adulteração de 1% do óleo de mostarda por óleo de argemona causa doenças clínicas.

CAPÍTULO 2

Alterações químicas devidas à deterioração térmica

A fritura em gordura profunda é um processo termoquímico complicado que produz alimentos fritos com cor, sabor e textura desejáveis. As gorduras e os óleos sofrem alterações deteriorativas durante a fritura a alta temperatura e duração. Esta alteração indesejável da gordura é designada por "ranço". A rancidez ou deterioração das gorduras e óleos ocorre devido à rancidez hidrolítica, à rancidez oxidativa ou à reação de polimerização. A deterioração das gorduras pode ocorrer particularmente se as gorduras forem altamente insaturadas e se as condições de armazenamento forem propícias a alterações químicas nas gorduras.

A rancidez hidrolítica é provocada pela enzima lipase que decompõe as gorduras ou os triglicéridos em ácidos gordos livres e glicerol. Os ácidos gordos assim formados são ácidos gordos de baixo peso molecular. Este tipo de rancidez é muito acentuado na manteiga estragada devido à formação de ácido butírico e de ácidos capróicos de baixo peso molecular.

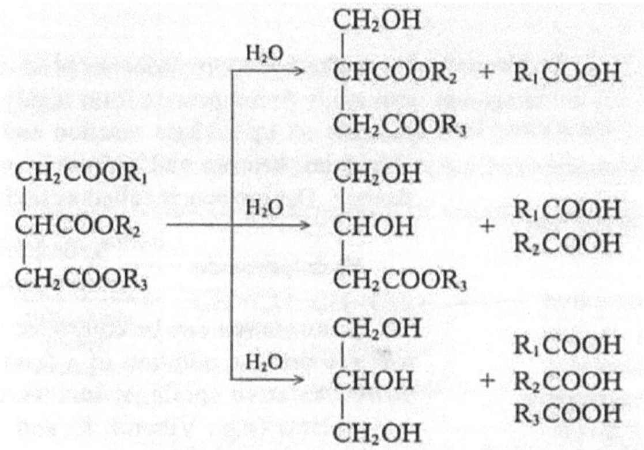

A oxidação lipídica/rancidez oxidativa é há muito reconhecida como uma das principais causas de deterioração da qualidade dos alimentos musculares e é frequentemente o fator decisivo para determinar o tempo de conservação dos produtos alimentares. A oxidação lipídica é um processo complexo pelo qual os ácidos gordos insaturados reagem com o oxigénio molecular através de um mecanismo de radicais livres. A oxidação representa uma variedade de reacções químicas entre os óleos e o oxigénio ambiente a temperaturas algo elevadas e em superfícies convencionais. Os principais produtos primários desta reação, os peróxidos de hidrogénio, são compostos relativamente instáveis e essencialmente inodoros que se decompõem numa vasta gama de compostos secundários, incluindo alcanos, alcenos, aldeídos, cetonas, álcoois, ésteres, ácidos e hidrocarbonetos. Destes compostos, os aldeídos são considerados os produtos de degradação mais importantes, uma vez que possuem valores limiares baixos e são os principais responsáveis pelo desenvolvimento de sabores e odores rançosos.

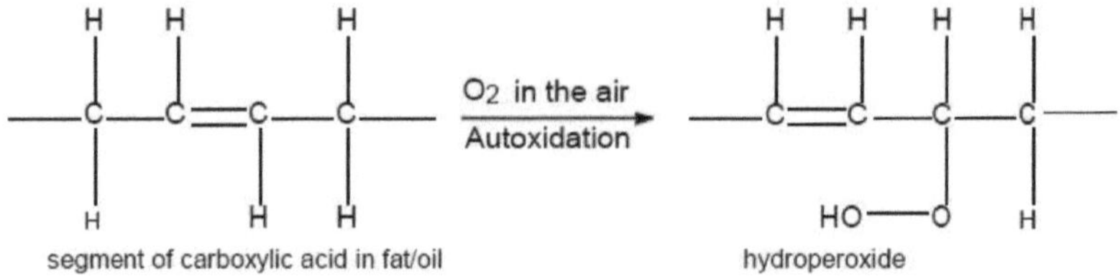

A oxidação dos óleos devido à reação em cadeia dos radicais livres inclui as etapas de iniciação, propagação e terminação:

Fases da rancidez oxidativa

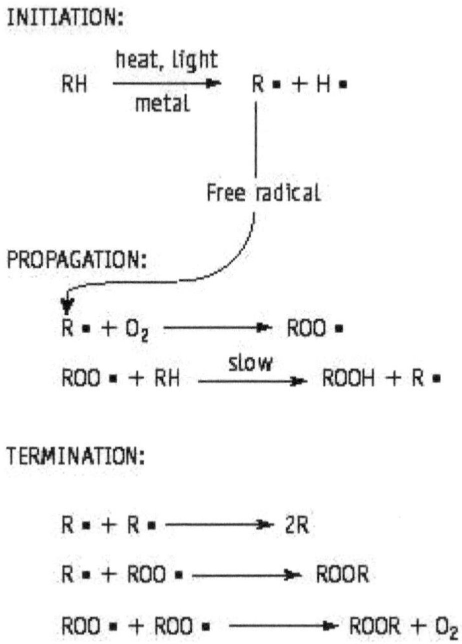

A oxidação dos óleos exige que os ácidos gordos ou os acilgliceróis se encontrem em formas radicais. Os ácidos gordos ou os acilgliceróis encontram-se em estados singlet não radicais e a reação dos ácidos gordos com o estado radical atmosférico O^3_2 é termodinamicamente desfavorável devido à conservação do spin eletrónico. O átomo de hidrogénio dos ácidos gordos do óleo alimentar é removido e formam-se radicais alquilo lipídicos na fase de iniciação. O calor, os catalisadores metálicos e a luz ultravioleta e visível podem acelerar a formação de radicais livres de ácidos gordos. A energia necessária para remover o hidrogénio dos ácidos gordos depende da posição do hidrogénio nas moléculas. O átomo de hidrogénio ligado à ligação dupla, especialmente o hidrogénio ligado ao carbono entre as duas ligações duplas, é facilmente removido.

O radical alquilo lipídico reage com $O^3{}_2$ e forma o radical peroxi lipídico, outro radical reativo. A reação entre o radical alquilo lipídico e o $O^3{}_2$ ocorre muito rapidamente à pressão normal do oxigénio e, consequentemente, a concentração do radical alquilo lipídico é muito inferior à do radical peroxi lipídico. O radical peroxi lipídico extrai o hidrogénio de outras moléculas lipídicas e reage com o hidrogénio para formar hidroperóxidos e outro radical alquilo lipídico. Este radical catalisa a reação de oxidação e autoxidação e é designado por Reação em Cadeia de Radicais Livres.

Os produtos de oxidação primários, os hidroperóxidos lipídicos, são relativamente estáveis à temperatura ambiente e na ausência de metais. No entanto, na presença de iões metálicos e a altas temperaturas, são rapidamente decompostos em radicais alcoxi e formam aldeídos, cetonas, ácidos, álcoois e hidrocarbonetos de cadeia curta. A via mais provável de decomposição do peróxido de hidrogénio é uma clivagem homolítica entre o oxigénio e a ligação de oxigénio, na qual são produzidos radicais alcoxi e hidroxi. Os produtos finais da oxidação lipídica secundária são sobretudo aldeídos, cetonas, álcoois e hidrocarbonetos de cadeia curta de baixo peso molecular.

A oxidação das gorduras e óleos é influenciada pela composição em ácidos gordos do óleo, pelo processamento do óleo, pela exposição à luz, pela concentração ou tipo de oxigénio, pelos metais de transição, pelos compostos termicamente oxidados, pelo tipo de recipiente de fritura, pela natureza dos alimentos fritos e pela presença de pigmentos.

Formação de hidroperóxidos na autoxidação do ácido linoleico

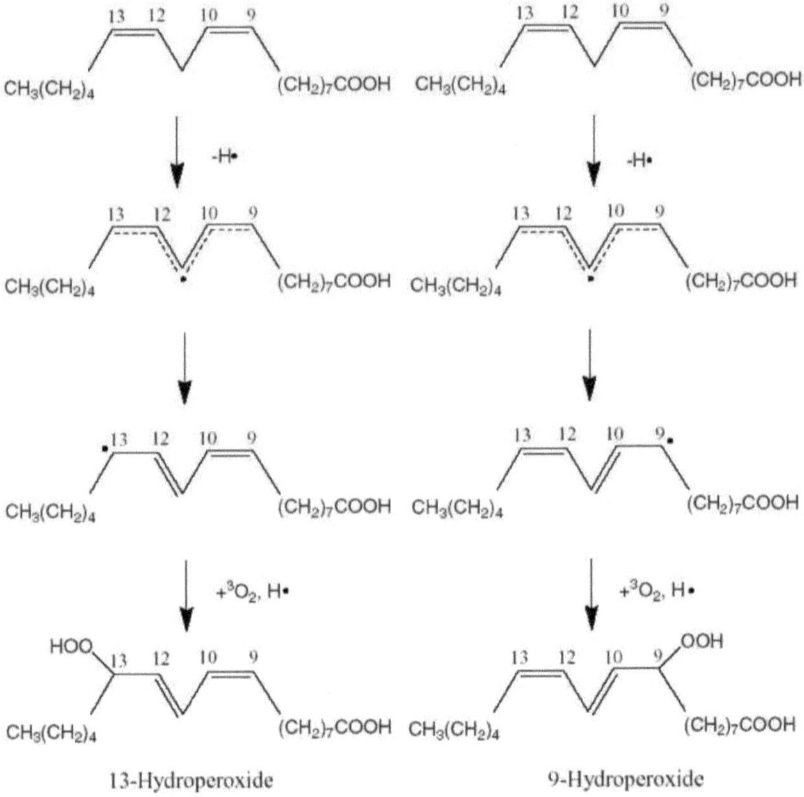

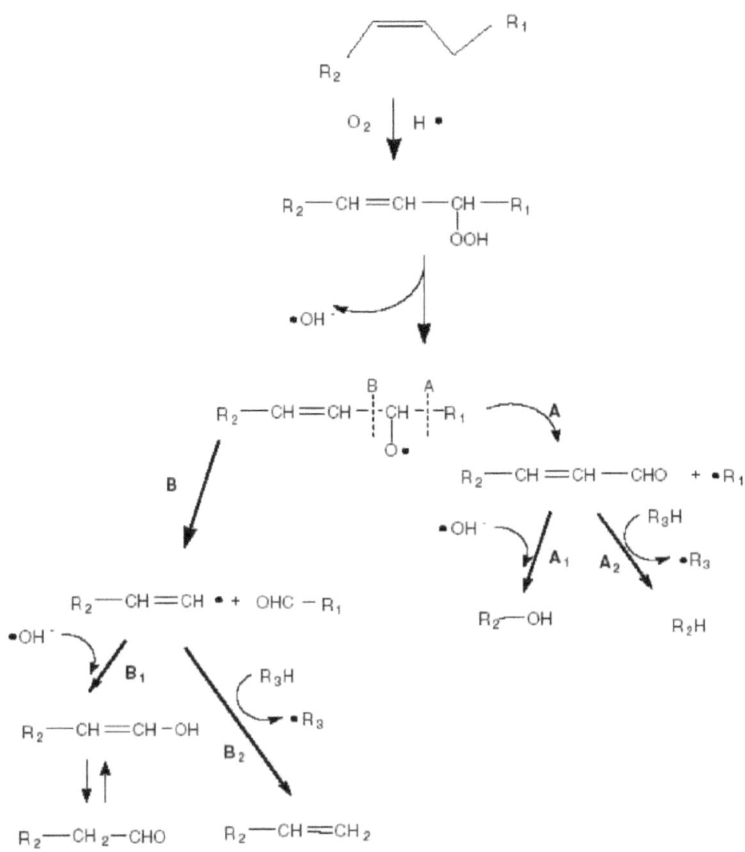

Os óleos mais insaturados são oxidados mais rapidamente do que os óleos menos insaturados. À medida que o grau de insaturação aumenta, tanto a taxa de formação como a quantidade de compostos de oxidação primária acumulam-se no final do período de indução. As ligações duplas insaturadas são mais susceptíveis de serem atacadas pelos radicais livres. Assim, quanto mais ligações duplas, maior é a deterioração da gordura ou do óleo.

O método de processamento do óleo afecta a estabilidade oxidativa do óleo. A degomagem, a desodorização, a refinação e o branqueamento são factores importantes que impedem a destruição oxidativa do azeite. O óleo em bruto é mais suscetível à rancidez oxidativa do que os óleos refinados. A torrefação das sementes oleaginosas antes da extração do óleo melhorou a estabilidade oxidativa dos óleos. [37] Este facto deve-se, em parte, à formação de produtos da reação de Maillard produzidos durante a torrefação. Alguns produtos da reação de Maillard foram referidos como sendo antioxidantes. A estabilidade oxidativa aumentou com o aumento das temperaturas de torrefação e de expulsão das sementes.

A autoxidação dos óleos e a decomposição do peróxido de hidrogénio aumentam com o aumento da temperatura. [56] A formação de produtos de autoxidação durante o período de indução é lenta a baixas temperaturas. As concentrações de peróxidos de hidrogénio aumentam no final do período de indução da autoxidação.

A temperatura tem pouco efeito na oxidação^1 O_2 devido à baixa energia de ativação. A luz é muito mais importante do que a temperatura na oxidação^1 O_2 . A luz de comprimentos de onda mais curtos teve efeitos mais prejudiciais nos óleos do que os comprimentos de onda mais longos. [50] Segundo consta, o efeito da luz na oxidação do óleo diminui à medida que a temperatura aumenta. ^{1} O_2 A oxidação ocorre na presença de luz, pelo que a embalagem dos óleos é muito importante. O azeite embalado em garrafas transparentes aumenta a oxidação do azeite. [60]

A oxidação do óleo pode ocorrer frequentemente quando o óleo, o oxigénio e os catalisadores estão em contacto. Tanto a concentração como o tipo de oxigénio afectam a qualidade dos óleos. A concentração de oxigénio nos óleos depende da pressão parcial de oxigénio no espaço livre do óleo. Uma maior quantidade de oxigénio é dissolvida no óleo quando a pressão parcial de oxigénio na área do headspace é elevada. [40] A solubilidade do oxigénio é maior no óleo do que na água, particularmente no petróleo bruto do que no óleo refinado. [1]

O efeito das concentrações de oxigénio na oxidação dos óleos aumenta a altas temperaturas e na presença de luz e de metais como o ferro ou o cobre. A elevada dependência do oxigénio na oxidação do óleo a alta temperatura deve-se à baixa solubilidade do oxigénio no óleo a alta temperatura. O oxigénio tem de ser transportado para o óleo por difusão quando o óleo não é agitado, como acontece durante o armazenamento a baixa temperatura. A convecção é outro método importante de penetração de oxigénio no óleo a partir da superfície quando o óleo é agitado, durante o processamento a altas temperaturas.

A taxa de oxidação do óleo é independente da concentração de oxigénio a concentrações de oxigénio suficientemente elevadas. A taxa de autoxidação do óleo a mais de 4% a 5% de oxigénio no espaço livre era independente da concentração de oxigénio e dependia diretamente da concentração de lípidos. No entanto, o inverso foi verdadeiro a uma pressão de oxigénio baixa, inferior a 4% no espaço livre.

O oxigénio e o óleo alimentar podem reagir de forma mais eficiente quando o tamanho da amostra de óleo é pequeno ou quando a amostra de óleo tem um rácio elevado entre a superfície e o volume. [57] Quando a relação superfície/volume aumenta, a taxa relativa de oxidação é menos dependente do oxigénio com um baixo teor de oxigénio. A superfície do recipiente pode atuar como um catalisador de redução e o seu efeito foi demonstrado ser proporcional à área do recipiente em contacto com os óleos. A taxa de reação entre o lípido e o oxigénio depende do tipo de oxigénio; a taxa de reação do[1] O_2 com o lípido.

A transformação de óleos brutos em óleos refinados é geralmente efectuada a altas temperaturas e pode produzir compostos oxidados. A aceleração da oxidação do óleo aumenta com a concentração de compostos oxidados termicamente. Foi também demonstrado que os hidroperóxidos lipídicos actuam como pró-oxidantes. [29] Os compostos oxidados formados pela decomposição dos hidroperóxidos podem atuar como emulsionantes, que contêm grupos hidrofílicos e hidrofóbicos, diminuem a tensão superficial do óleo e aumentam a introdução de oxigénio no óleo para acelerar a sua oxidação.

As clorofilas são os pigmentos comuns presentes nos óleos vegetais comestíveis[18,19] . O óleo bruto contém mais pigmentos do que o óleo refinado. Geralmente, estes são removidos durante o processo de branqueamento. A clorofila e os seus produtos de degradação - feofitinas e feoforbidas, actuam como sensibilizadores para produzir 1O2 na presença de luz e do ar atmosférico $O^3{}_2$, e aceleram a oxidação do óleo. As feofitinas têm uma atividade sensibilizante superior à das clorofilas, mas inferior à dos feoforbídeos. Embora as clorofilas sejam fortes pró-oxidantes à luz, actuando como sensibilizadores para produzir $O^1{}_2$, actuam como antioxidantes no escuro, possivelmente doando hidrogénio aos radicais livres.

O tipo de alimento frito no óleo também acelera o processo de oxidação. Fritar alimentos ricos em proteínas causa mais danos ao meio de fritura do que qualquer outro alimento denso em nutrientes. Por exemplo, o peixe gordo liberta gordura durante a fritura, pelo que o óleo de fritura fica contaminado com o óleo de peixe. Como o óleo de peixe é altamente polinsaturado, o óleo de fritura contaminado com óleo de peixe deteriora-se rapidamente. Durante a fritura de couves e outros legumes verdes, os glucosinolatos são decompostos e os seus produtos de decomposição, tais como nitrilos, derivados de indolil ou vinil oxazolidinethione contaminam o óleo de fritura. Os agentes mutagénicos formados durante a fritura de alimentos ricos em proteínas pertencem aos heterocíclicos aromáticos policíclicos das séries aminoimidazo-azareno e amina-carbolina. A creatinina e a creatina são os precursores mais importantes destes compostos heterocíclicos aromáticos. A produção de mutagénicos é muito menor na ausência de gordura, pelo que a gordura de fritura é importante para a sua formação.

O grau de rancidez dos triglicéridos do óleo durante a fritura é influenciado pela humidade do substrato. Quando o alimento entra em contacto com o óleo de fritura, a água contida no substrato é quase imediatamente aquecida até ao ponto de ebulição. O vapor assim produzido hidrolisa parcialmente os triacilgliceróis em ácidos gordos livres e ésteres de glicerol num curto espaço de tempo. Mais do que os outros compostos, verificou-se que a água presente no óleo afecta grandemente a qualidade dos óleos de fritura.

Durante a fritura, verifica-se um aumento da cor ou escurecimento do óleo. Os produtos de Maillard são os principais contribuintes para a descoloração do óleo. É muito pronunciado no óleo de peixe frito, uma vez que os ácidos gordos polinsaturados participam na formação de pigmentos castanhos. Os sais de ferro libertados do substrato durante a fritura aceleram a oxidação do óleo de fritura. Os iões de sódio e potássio são transportados para o óleo de fritura, formando sabões alcalinos que, por sua vez, estimulam a formação de espuma. A formação de espuma aumenta a interface entre o óleo e o ar e promove ainda mais a oxidação.

A qualidade do óleo num produto frito depende da degradação pilórica do óleo de fritura e das interações que ocorrem num produto entre os componentes degradados do óleo de fritura e os grupos funcionais livres dos ingredientes do produto. A avaliação da qualidade do óleo de fritura é, por conseguinte, relevante do ponto de vista nutricional.

O teor de água e a atividade do óleo também aceleram o processo de rancidez. Um teor de água mais elevado dos alimentos aumenta a probabilidade de o óleo de fritura se partir mais rapidamente do que os alimentos com baixo teor de água e humidade.

As empresas de transformação de alimentos do sector não organizado continuam frequentemente a fritar em óleo com calor excessivo, em processos descontínuos, sem reabastecer com óleos frescos. Os consumidores sentem desconforto ao consumir esses produtos. Estes produtos são mal caracterizados. No presente estudo, dois dos alimentos fritos de rua mais populares, ou seja, o *piyaji* e *o dal vada*, foram fritos em óleo de mostarda com abuso de calor. Estes dois alimentos diferem muito na sua composição nutricional e teor de humidade. O óleo de mostarda é utilizado neste estudo devido à sua disponibilidade e popularidade em Bengala Ocidental. A quantidade de lípidos extraídos da fritadeira após a fritura foi avaliada neste estudo.

CAPÍTULO 3

Efeito da fritura noutros óleos vegetais

Os óleos são principalmente utilizados para fins culinários, enquanto os óleos vegetais são principalmente utilizados para operações de fritura. Durante a fritura, são sujeitos a deterioração térmica e auto-oxidação e, por conseguinte, desenvolvem frequentemente um sabor e um odor desagradáveis.[8, 20] Isto acontece devido à decomposição química de ácidos gordos de baixo peso molecular, óleos e outros lípidos. Este fenómeno é conhecido como rancidez e diz-se que o óleo fica rançoso.[25] Existem dois tipos básicos de rancidez: a rancidez hidrolítica (que ocorre quando a água separa as cadeias de ácidos gordos da espinha dorsal do glicerol nos glicéridos) e a rancidez oxidativa (que ocorre quando as ligações duplas de um ácido gordo insaturado reagem quimicamente com o oxigénio). Em todos os casos, estas reacções químicas dão origem a odores e sabores indesejáveis. A quantidade de ácidos gordos livres libertados por uma gordura ou óleo devido a estas reacções influencia grandemente a sua vida de fritura, estabilidade de armazenamento e fator de contribuição para a rancidez.[16, 17] A rancidez aumenta as toxinas no óleo, o que afecta a saúde pública e a nutrição.[16, 17] Esta situação pode ser evitada armazenando os óleos num local fresco e escuro ou adicionando-lhes antioxidantes.[3] Em todo o mundo, tem sido desenvolvida uma série de actividades para resolver este problema, identificar as condições de rancidez e desenvolver técnicas de armazenamento adequadas para otimizar a reutilização do azeite.

Durante as operações de fritura contínua e sucessiva, o óleo vegetal gera uma série de substâncias voláteis. Para avaliar a emissão de compostos voláteis, foi efectuado um estudo com óleo de coco, cártamo, canola e azeite virgem extra a diferentes temperaturas. Observou-se que a emissão de compostos voláteis, principalmente aldeídos, aumentou consideravelmente acima do ponto de fumo. Este estudo revelou também que os óleos com baixo ponto de fumo, como o óleo de coco, não eram úteis para a fritura.[34] Num estudo comparativo efectuado para detetar os compostos voláteis presentes nos fumos de azeite virgem extra, azeite e óleos de canola, foram encontrados sete alcanos (C2-C7 e C9), oito 2-alcenos (C3-C10) e 2, 4-heptadienal. Verificou-se que as taxas de geração destes aldeídos são diretamente proporcionais à temperatura de aquecimento.[23] A utilização repetida de óleos de fritura usados pode levar à formação de acroleína a partir do glicerol, que tem um odor pungente e também confere uma cor escura ao óleo. Foi efectuado um conjunto de estudos experimentais para estimar a produção de acroleína durante a fritura de diferentes produtos alimentares com óleos de canola, milho, soja e azeite. Todos os óleos produziram uma elevada concentração de acroleína, que se situou no intervalo de 26,4-64,5 pg m- .[351] Esta acroleína é uma fonte potencial de poluição interior.[11] O desempenho de fritura do óleo depende da sua exposição à luz, ao ar ou à humidade e também dos tipos de alimentos fritos nos óleos.[43] Foi também estudada a taxa de deterioração dos óleos de milho, de azeitona e de soja na presença de luz, ar, calor e durante as operações de fritura. Parâmetros como o peróxido (PV), a anisidina (*p-AV*) e os valores de iodo (IV) foram medidos após a fritura de batatas fritas. Os valores de PV e *p-AV* aumentaram pela ordem: fritura > exposição ao ar e à luz > exposição ao ar, enquanto os valores relativos aos óleos aumentaram como soja > milho > azeitona. As diminuições do IV também seguiram o mesmo padrão, ou seja, fritura > luz do ar > ar e soja > milho > azeitona. Com o aumento do tempo de fritura, a percentagem de ácidos gordos livres também aumentou.[12] A fritura em gordura profunda é um dos procedimentos mais utilizados na preparação e fabrico de alimentos em todo o mundo.[3] Durante a fritura em gordura profunda, ocorrem decomposições oxidativas e térmicas que levam à deterioração da qualidade do óleo.[11] A deterioração do óleo depende principalmente da composição em ácidos gordos dos óleos. Durante o processo de fritura, ocorrem oxidação, hidrólise, polimerização, isomerização e ciclização. Os polímeros e os monómeros cíclicos de ácidos gordos (CFAM) são potencialmente tóxicos, sendo estes últimos detectados em níveis relativamente baixos (0,01-0,7%) no óleo de girassol usado (SO) e no óleo de girassol com elevado teor de ácido oleico (HOSO).[47] O desempenho de três óleos de canola de alto teor oleico com diferentes níveis de ácido linolénico [canola de baixo teor de linolénico (LLC), canola de médio teor de linolénico (MLC) e canola de alto teor de linolénico (HLC)], óleo de girassol de médio-alto teor oleico, uma oleína de palma comercial e óleo de canola comercial parcialmente hidrogenado foi monitorizado por análises químicas e físicas durante dois ensaios de fritura de 80 horas com batatas fritas. O teor de ácido linolénico foi um fator crítico no desempenho da fritura dos óleos de canola com elevado teor de ácido oleico e esteve inversamente relacionado com a estabilidade oxidativa dos óleos (medida pelo índice de cor, teor de ácidos gordos livres e compostos polares totais). O LLC teve um desempenho significativamente melhor do que o óleo de girassol no índice de cor, no teor de ácidos gordos livres e no total de compostos polares. O MLC foi melhor do que a oleína de palma na estabilidade oxidativa. O óleo de canola de alto teor oleico (Monola) com 2,5% de ácido linolénico foi considerado muito adequado para a fritura.[65] Numa investigação, o desempenho do óleo de soja (SBO) e de um óleo de soja parcialmente hidrogenado (PHSBO) foi monitorizado através de análises químicas, físicas e de kits de teste durante 50 horas de fritura de batatas em SBO e 50 horas de fritura de batatas em PHSBO. O SBO, com níveis mais elevados de ácidos gordos insaturados (FA), apresentou a taxa mais rápida de formação de isómeros geométricos e posicionais de FA insaturados (ácido 2, 4-hexadienoicor sórbico e ácido trans -2 cis - 4 decadeinoico). O desempenho do PHSBO em condições de fritura foi significativamente melhor do que o do SBO.[49] O desempenho do óleo de argão (composto por 55,4% de ácido oleico e 24,4% de ácido linoleico) na fritura foi comparado com o do azeite de alto teor oleico (78,2% de ácido oleico e 7,9% de ácido linoleico) e o do óleo de semente de algodão (19,8% de ácido oleico e 52,0% de ácido linoleico) a altas temperaturas em condições de aquecimento e na fritura de batatas francesas.

Os resultados indicam que o óleo de argão pode substituir os óleos de azeitona ou de semente de algodão na fritura.[66] Numa experiência, verificou-se que o odor produzido pela trioleína e trilinoleína aquecidas se deve principalmente a aldeídos (2- alcanos) que são produzidos a partir da decomposição de hidroperóxidos, epóxidos, compostos cetónicos e diméricos.[63]

a) Efeito da fritura de hidratos de carbono em óleos vegetais:-

Durante a degradação, o óleo de soja refinado revelou ter uma diminuição significativa da sua tensão superficial ($P < 0,05$). As leituras de cor também se alteraram significativamente. A espuma e o sabor desagradável desenvolveram-se com a degradação do óleo ($P < 0,05$). A viscosidade alterou-se mais rapidamente com a temperatura à medida que o tempo de degradação aumentou.[58] Foi efectuado um estudo semelhante entre óleos de canola normais e óleos de canola modificados com elevado teor de ácido oleico e baixo teor de ácido linolénico. A formação de ácidos gordos livres, componentes polares e polímeros foram utilizados como índices de estabilidade na fritura. Os óleos de canola modificados não mostraram qualquer melhoria na estabilidade de fritura em comparação com o óleo de canola normal.[61] A avaliação físico-química e estrutural dos óleos de azeitona e de girassol durante a fritura revelou que a viscosidade dos óleos aumentou muito rapidamente, enquanto o seu grau de insaturação diminuiu visivelmente. Dos dois óleos vegetais estudados, o óleo de girassol mostrou-se mais sensível ao tratamento térmico, sofrendo maiores alterações nas suas propriedades, especialmente na viscosidade, que aumentou notavelmente.[59] Ao avaliar o comportamento reológico após a fritura, verificou-se que o óleo que contém mais ligações duplas sofre uma alteração rápida da viscosidade.[36] A qualidade dos lípidos dos produtos com um teor de humidade elevado (50% ou mais) revelou-se inferior à do óleo deixado após a fritura, como se verificou no pato de Bombaim e nas batatas fritas de batatas com um teor de humidade inicial de 52-77%. Observou-se uma tendência inversa nas papadas e batatas fritas preparadas a partir de batatas desidratadas com um teor de humidade de 12% ou menos. Estes resultados indicam que o teor de humidade dos alimentos desempenha um papel definitivo na distribuição dos constituintes lipídicos durante a fritura em óleo termicamente polimerizado.[6] Uma investigação realizada com óleo de soja durante a fritura de batatas fritas e coxas de frango mostrou que a batata absorveu óleo durante a fritura (6,9%), enquanto o frango libertou gordura para o meio de fritura (2,4%). A cor e a turbidez também foram avaliadas. Visualmente, o óleo utilizado na fritura do frango parecia estar numa fase mais avançada de deterioração.[26] Foi efectuado um estudo comparativo entre a oleína de palma refinada, branqueada e desodorizada e o óleo de coco. Os resultados mostraram que a oleína de palma refinada, branqueada e desodorizada (RBDPO) foi superior ao óleo de coco refinado, branqueado e desodorizado (RBDCO) no desempenho da fritura em termos de percentagem de ácidos gordos livres (AGL), índice de iodo, tendência para a formação de espuma e ponto de fumo. No entanto, o RBDCO teve um melhor desempenho do que o RBDPO no que respeita à percentagem do componente polar, ao teor de polímero, à resistência à oxidação, à cor e à viscosidade.[30]

b) Efeito da fritura de proteínas em óleos vegetais:-

Outra variante na determinação do desempenho de fritura do óleo são os alimentos ricos em proteínas. Foi efectuado um estudo para determinar o efeito da fritura do peixe Catla na qualidade do óleo de girassol após 14 horas de operação de fritura. Verificou-se um aumento gradual do índice de refração e da cor do óleo. Enquanto o índice de iodo diminuiu, o índice de peróxidos registou inicialmente um aumento até às 12 horas de fritura, tendo posteriormente diminuído significativamente. O material polar total e os ácidos gordos livres correlacionaram-se bem ($r > 0{,}97$, $r > 0{,}96$, respetivamente) entre si e também com a cor, o índice de peróxidos e o tempo de fritura.[38] A cavala do Atlântico frita em óleo de canola durante 10 dias produziu apenas pequenas quantidades de componentes polares, polímeros e isómeros geométricos de ácidos gordos de cadeia longa altamente polinsaturados. O material lipídico foi trocado extensivamente entre o peixe e o meio de fritura. A ação térmica resultou na formação de isómeros de ácidos eicosapentaenóicos.[52] Durante a fritura de produtos de frango marinados e não marinados em óleo de amendoim, verificou-se a ocorrência de perdas de tocoferol. As maiores perdas foram registadas no γ-tocoferol, seguidas do α-tocoferol, do β-tocoferol e, finalmente, do δ-tocoferol.

As perdas de γ-tocoferol foram significativamente reduzidas quando a hidroxipropilmetilcelulose foi aplicada como película ou como ingrediente de mistura de panados a tiras de frango pré-fritas que tinham sido marinadas em sumo de pickles. Conjetura-se que o material de película comestível serviu como uma barreira hidrofílica à migração do pró-oxidante, ácido acético, do produto para o óleo.[32] Quando três óleos diferentes - amendoim, girassol de alto teor oleico e canola - foram aquecidos em micro-forno, observou-se que o óleo de canola sofre uma maior degradação oxidativa (com base em índices químicos padrão como ácidos gordos livres, peróxido, *p-anisidina*, tempo OSI) do que os outros óleos devido ao maior grau de insaturação nos óleos.[10] A adição de gema de ovo ao óleo de fritura diminuiu significativamente os ácidos dienóicos conjugados, os teores de compostos polares e os valores de anisidina do óleo de fritura, mas aumentou o teor de ácidos gordos livres. Um estudo revelou que a gema de ovo melhora a estabilidade oxidativa do óleo de fritura durante a fritura, possivelmente através do aumento do teor de fosfolípidos do óleo.[35]

CAPÍTULO 4

Minimizar a deterioração térmica

a) Misturas de óleos vegetais

Uma técnica popular de mistura[13] de um ou mais óleos vegetais não só ajuda a partilhar as suas propriedades nutricionais e antioxidantes, como também minimiza a deterioração térmica e a auto-oxidação, melhorando o armazenamento e o valor nutritivo.[21] A estabilidade oxidativa e térmica, juntamente com as alterações na composição de ácidos gordos (FA) no óleo de girassol (SFO) e no óleo de soja (SBO), foram avaliadas em misturas (20%, 40%, 60%, 80% w/w) de óleo *de Moringa oleifera* (MOO). A mistura de MOO com SFO e SBO em proporções de 0-80% resultou na redução do teor de ácido linoleico (C18:2) de SFO e SBO de 67,0% para 17,2% e 56,2% para 14,6%, respetivamente, e no aumento do teor de ácido oleico (C18:1) de 26,2% para 68,3% e 21,4% para 65,9%, factores de 0,72, 0,72 e 1,27, 1,33, respetivamente. Um teste de capacidade de armazenamento (180 dias; condições ambientais) mostrou uma melhoria apreciável na estabilidade oxidativa dos óleos de substrato com o aumento da concentração de MOO. A mistura MOO: SBO (80:20 w/w) foi considerada a mais estável com base no teste de desempenho de aquecimento (180 °C durante 42 h; 6 h de ciclo de aquecimento por dia), nos teores de polímeros e nos teores polares totais (TPC).[4] Foi efectuado outro estudo para avaliar a estabilidade oxidativa do óleo de soja misturado com óleo de amendoim em bruto e do óleo de soja misturado com óleo de sésamo em bruto. O índice de estabilidade do óleo (OSI) e o índice de peróxidos (PV) foram os parâmetros selecionados para determinar a qualidade das misturas de óleo. Verificou-se que o óleo de sésamo em bruto com antioxidantes únicos melhorava a qualidade das misturas SBO.[35] Foram realizadas outras experiências para estudar o efeito da composição de ácidos gordos na produção de sabor em misturas de óleos e na estabilidade de alimentos fritos. O óleo de semente de algodão processado comercialmente (CSO) e o óleo de girassol de alto teor oleico (HOSUN) foram misturados para produzir óleos com 12 a 55% de ácido linoleico e 16 a 78% de ácido oleico. O HOSUN (78% de ácido oleico) produziu baixos níveis de compostos polares, indicando uma maior estabilidade. As composições de 16 a 42% de ácido oleico e 37 a 55% de ácido linoleico produziram compostos polares baixos a moderados e, por conseguinte, uma boa qualidade de sabor.[64] Um estudo sobre a estabilidade de armazenamento de algumas misturas de óleos vegetais embalados mostrou que os componentes do óleo eram estáveis mesmo ao fim de 6 meses e permaneciam inalterados, exceto o P-caroteno, que mostrava uma redução na sua concentração.[53] Numa investigação, foram estudadas as alterações das suas caraterísticas físicas e sensoriais durante a fritura com misturas de óleos alimentares contendo 80 partes de óleo de mostarda (MO) ou óleo de amendoim (GNO) ou óleo de girassol (SNO) e 20 partes de óleo de sésamo (SO) ou óleo de palma vermelho refinado (RPO) ou óleo de farelo de arroz (RBO). A viscosidade aumentou durante a fritura em cada uma das misturas e a intensidade das notas sulfúricas, pungentes e vinagrosas (azedas) do MO, das notas de nozes e doces do GNO, das notas doces e de sementes do SNO, das notas de sementes e terrosas do SO, das notas de casca do RPO e das notas de feijão e farelo do RBO diminuiu especialmente no final de 7th frituras.[45]

b) Utilização de antioxidantes em óleos vegetais

Os métodos para melhorar a reutilização envolvem o aumento dos valores de estabilidade oxidativa. Atualmente, incluem modificações genéticas, alterações da composição por meios químicos, bem como a inibição da oxidação por meio de antioxidantes.[22] Um estudo sobre o efeito do calor em óleos vegetais comestíveis com adição de lignanas de sésamo revelou que este aumentou a estabilidade térmica do óleo. Verificou-se um aumento do sesamol e uma diminuição da sesamolina, enquanto a sesamina foi relativamente resistente ao calor, sugerindo que os lignanos de sésamo podem ter uma aplicação potencial como antioxidantes naturais na indústria alimentar e de óleos comestíveis.[31] As estabilidades oxidativas das cascas de batata e da polpa de beterraba sacarina também foram medidas com base nos valores de peróxido e no valor de ^-*anisidina*, juntamente com a formação de dienos e polienos conjugados.[41] Os resultados também revelaram que o extrato de alho tem actividades antioxidantes que estabilizam eficazmente o óleo de girassol refinado e branqueado durante a sua armazenagem. Os parâmetros de avaliação da eficácia do alho na estabilização do óleo de girassol foram o aumento de peso, o índice de atividade antioxidante, o teor de ácidos gordos livres, o índice de peróxidos, os dienos conjugados, os trienos conjugados e as substâncias reactivas ao ácido tiobarbitúrico.[33] Outro estudo mostrou que a incorporação de alfazema e/ou tomilho no óleo de semente de girassol ajudou a melhorar a sua estabilidade térmica e, consequentemente, a prolongar a sua vida útil na fritura, reduzindo o teor de ácidos gordos livres (AGL), o índice de peróxidos (PV) e a viscosidade.[5] Pelo contrário, o ácido carnósico não mostrou qualquer efeito protetor contra a oxidação lipídica do azeite virgem e a atividade de eliminação de radicais foi praticamente anulada pelo aquecimento. Este facto sugere que o ácido carnósico não pode impedir a oxidação do azeite virgem, uma vez que se decompõe mais rapidamente.[67] Foram adicionados extractos de alecrim e de salva à oleína de palma refinada, branqueada e desodorizada durante a fritura.

Ambos os extractos retardaram eficazmente a deterioração do óleo, reduzindo a taxa de oxidação durante 6 dias de fritura.[9] Verificou-se também que os óleos disponíveis no mercado (azeite, óleo de girassol, óleo de palma e uma gordura vegetal) melhoram a sua estabilidade oxidativa ao serem enriquecidos em polifenóis, através da adição de extrato de folha de oliveira.[48] Estudos sugerem que o extrato natural de chá preto, o alho e a casca de cebola foram eficazes para preservar o óleo de milho sob oxidação acelerada, mas não podem reduzir a taxa de oxidação a temperaturas de fritura.[42]

Estudos revelaram que baixas concentrações de ferro (estearato férrico) aumentam substancialmente a taxa de oxidação de amostras de óleo de soja parcialmente hidrogenado quando aquecidas a temperaturas de 120 °C a 200 °C.[15] Verificou-se que a adição de 0,02% de palmitato de ascorbilo (AP) à gordura de fritura (gordura animal/óleo vegetal [A-V]) e ao óleo vegetal (óleo de soja parcialmente hidrogenado [V-S]) reduz o desenvolvimento da cor, os valores de peróxido e leva à formação de dienos conjugados, hidroperóxidos (CDHP) e à sua subsequente degradação em compostos voláteis, como o decanal e o 2,4-decadienal. Isto indica que o AP tem a capacidade de inibir a oxidação/degradação térmica de gorduras e óleos de fritura.[28] O desempenho e a estabilidade na fritura do óleo de soja puro (PSBO) foram estudados com base no índice de peróxidos (PV), índice de iodo (IV), índice de ácidos gordos livres (FFA), índice de saponificação (SV) e índice de refração (RI), após tratamento com uma mistura antioxidante de hidroxitolueno butilado (BHT), hidroxianisol butilado (BHA), galato de propilo e ácido cítrico. Foi depois comparado com o PSBO e o óleo de soja misturado com oleína de palmiste. A viscosidade e o escurecimento da cor foram menores no caso do PSBO tratado com antioxidantes, ao passo que o PSBO puro sofreu uma hidrólise máxima do óleo.[26] A farinha de semente de algodão sem glândula desengordurada no revestimento aumentou a estabilidade oxidativa dos nuggets de carne de vaca fritos, mas também pode diminuir a degradação do óleo de fritura. A farinha de semente de algodão sem glândula desengordurada pode, portanto, atuar eficazmente como antioxidante.[46] Um estudo efectuado revelou que o óleo de girassol geneticamente modificado com alto teor de ácido oleico, com 5,5% de ácido linoleico, tem melhor estabilidade oxidativa e térmica do que o óleo de girassol normal com 71,6% de ácido linoleico.[55] O óleo de milho geneticamente modificado com alto teor de ácido oleico (65% de ácido oleico) foi experimentado para o desempenho de fritura do que o óleo de milho normal. O coeficiente de variações como o oxigénio do espaço de cabeça, os valores de peróxido sugerem que o óleo de milho geneticamente modificado com alto teor de oleico tem uma maior estabilidade térmica e oxidativa, particularmente durante a fritura a alta temperatura.

c) Armazenamento de óleos vegetais:-

O tempo e a temperatura de armazenamento desempenham um papel importante na estabilidade dos óleos vegetais. Foi efectuado um estudo sobre o azeite Corotina para determinar o papel da temperatura na armazenagem. As azeitonas *(Olea europaea* cv. *Coratina)* utilizadas para a produção de azeite foram armazenadas durante 30 dias a três temperaturas diferentes e em atmosferas diferentes (temperatura ambiente, 5 °C com um fluxo de ar humidificado, 5 °C com um fluxo de 3%O2 + 5%CO2). Foram medidos a acidez, o índice de peróxidos e os compostos polares totais. O armazenamento a 5 °C, tanto sob um fluxo de ar humidificado como sob um fluxo de 3%O2 + 5%CO2, produziu azeites que mantiveram as suas qualidades químicas iniciais até ao final da experimentação; enquanto que o armazenamento de azeitonas à temperatura ambiente levou à sua deterioração após

15 dias de armazenamento.[14] A adição de óleo de farelo de arroz ao óleo de soja (25%, 50% e 75% de óleo de farelo de arroz) levou ao retardamento da rancidez oxidativa e da rancidez hidrolítica na massa frita (frita a 160 °C durante 1 min) e foi seguida de armazenamento no escuro a 60 °C durante 10 dias. O teor total de tocoferóis (p 0,05) e a concentração de oxigénio no espaço vital (p 0,05) diminuíram significativa e rapidamente na massa frita em óleo de soja a 100% e em misturas com 25% de óleo de farelo de arroz, enquanto os valores de peróxido e *p-anisidina* foram significativamente mais baixos na massa frita com misturas de óleo (50%, 75% e 100% de óleo de farelo de arroz) durante a armazenagem (p 0,05). No entanto, um aumento do ácido gordo livre foi significativamente maior na massa frita (com fritura em 100%, 75% e 50% de óleo de farelo de arroz) durante o armazenamento (p 0,05).[12] Um estudo sobre o azeite mostrou que as amostras de azeite processadas na presença de alimentos apresentavam um nível de oxidação mais baixo do que as amostras processadas na ausência de alimentos. Todos os componentes polifenólicos dos azeites sofreram uma diminuição drástica da concentração com o tratamento térmico na presença de alimentos.[54]

A qualidade do óleo de fígado obtido de duas espécies comerciais de rajiformes *(Rhinoptera bonasus* e *Aetobatus narinari)* capturadas no Golfo do México foi avaliada com base nas caraterísticas físicas (gravidade específica, índice de saponificação e teor de água) e nas análises químicas (teor de ácidos gordos, carotenos e tocoferóis). A estabilidade de conservação (índice de peróxidos, ácidos gordos livres, dienos conjugados, índice de anisidina e alterações do ácido docosa-hexaenóico, ou seja, DHA e teor) foi estudada durante 87 dias a 25 °C. Os ácidos gordos livres, os dienos conjugados, o índice de peróxidos e o índice de anisidina aumentaram ($p < 0,05$), enquanto se observou uma diminuição ($p < 0,05$) no DHA durante o tempo de armazenamento para ambas as espécies de óleo, à medida que a oxidação prosseguia.[24] O efeito da temperatura e do tempo de armazenamento foi medido em óleos de peixe extraídos de carapau, sável, peixe-agulha e tainha dourada a +4 °C e -18 °C durante 150 dias. Os vários parâmetros, incluindo os valores de iodo, éster, ácido, saponificação, peróxido, ácido tio-barbitúrico e matéria insaponificável, avaliados em vários intervalos, indicaram que a deterioração oxidativa era mais elevada nos óleos de sável. Entre todas as amostras, o óleo de peixe-agulha apresentou a maior estabilidade contra a oxidação.[7]

Estes relatórios indicam o grau variável de suscetibilidade dos óleos vegetais à deterioração térmica em frituras contínuas e sucessivas durante um longo período de tempo. A utilização bem sucedida de antioxidantes adequados e de condições de armazenamento óptimas é capaz de aumentar a reutilização do óleo.

CAPÍTULO 5

Testes e métodos comuns para avaliar as caraterísticas de qualidade do azeite Testes físico-químicos

a) Testes físicos

1. Índice de cores

A absorvência das amostras de óleo a 420 nm é determinada num espetrofotómetro UV (U-2000, Hitachi, Tóquio, Japão) e os valores são tomados em relação à água como branco.

2. Viscosidade

A viscosidade é medida utilizando o viscosímetro de Ostwald. É medida utilizando a fórmula:

$$n_1 = \rho_1\tau_1 / \rho_2\tau_2 \times \eta_2$$

Onde, ρ_1 = densidade do líquido desconhecido

ρ_2 = densidade do líquido conhecido

τ_1 = tempo do líquido desconhecido

τ_2 = tempo do líquido conhecido

η_2 = viscosidade de um líquido conhecido

3. Índice de refração

O índice de refração das amostras de óleo é medido utilizando um refractrómetro de Abbe.

4. Testes de enxofre

É feito apenas para o óleo em que são fritos vegetais sulfurosos como a cebola, os brócolos, etc. Pipeta-se um volume de 25 ml da amostra, diluído a 50 ml com acetona. O pH é ajustado a 1 com HCl 2 M. A solução é aquecida até à ebulição. Adicionam-se 15 ml de solução 0,05 M de $BaCl_2$ em ebulição. Em seguida, adicionam-se 35 ml de solução padrão de EDTA 0,5 M e 5 ml de solução de amoníaco, deixa-se ferver durante 15-20 minutos e arrefece-se. Adicionam-se cerca de 10 ml de solução tampão de pH 10 e algumas gotas de indicador negro de Eriocromo T (EBT) e titula-se com uma solução 0,05 M de $MgCl_2$ até obter uma cor vermelha clara. A percentagem de enxofre em peso foi calculada utilizando a fórmula:

$$\text{Sulphur} = \frac{32 \times 0.0116 \times \text{volume of Bacl}_2 \text{ and EDTA complex} \times 100}{233 \times \text{weight of sulphur in grams}}$$

a) Ensaios químicos

1. Índice de saponificação

Introduzir num erlenmeyer 2 g de azeite e adicionar exatamente 25 ml de solução alcoólica de hidróxido de potássio. Aquece-se o balão em água a ferver durante 1 hora, agitando vigorosamente. Adiciona-se cerca de 1 ml de solução de fenolftaleína e titula-se com HCl 0,5 N. O índice de saponificação é calculado da seguinte forma

$$\text{Saponification value} = \frac{[\text{Volume of KOH (ml.)} \times \text{Strength of KOH}] - [\text{Volume of HCl}) \times \text{Strength of HCl}] \times 56.1}{\text{Weight of the sample}}$$

2. Valor de acidez

Num erlenmeyer, misturar 25 ml de éter etílico com 25 ml de álcool e 1 ml de solução de fenolftaleína. A mistura é cuidadosamente neutralizada com hidróxido de sódio 0,1N. Esta mistura é designada por solvente neutro. Toma-se 2 g de óleo e dissolve-se a amostra no solvente neutro e titula-se com hidróxido de sódio 0,1 N aquoso, agitando vigorosamente até se formar uma cor rosa que persiste durante 15 segundos. O índice de acidez é calculado da seguinte forma

$$\text{Acid value} = \frac{\text{Volume of sodium hydroxide solution (ml.)} \times 5.61}{\text{Weight of the oil sample}}$$

3. Valor de éster

O índice de ésteres é o valor derivado do índice de saponificação e do índice de acidez e é expresso da seguinte forma

Índice de éster = Índice de saponificação - Índice de acidez

4. Índice de peróxidos

Num tubo de ensaio, retiram-se 2 gramas de amostra de óleo e adicionam-se 2 gramas de iodeto de potássio em pó. Adicionam-se à mistura 20 ml de uma mistura de solventes de ácido acético glacial e clorofórmio. Aquece-se em seguida em banho-maria durante 30 segundos. O conteúdo é então vertido num frasco contendo 20 ml de solução de iodeto de potássio a 5%. Adicionam-se também 25 ml de água destilada e mistura-se 1 ml de solução de amido. Esta foi então titulada com uma solução de tiossulfato de sódio 0,1N. O índice de peróxidos é calculado da seguinte forma

$$\text{Peroxide value} = \frac{\text{Volume of sodium thiosulphate x strength of sodium thiosulphate x 1000}}{\text{Weight of the oil sample}}$$

5. Número de ácido tiobarbitúrico

Colocar 200 mg de amostra de azeite num tubo de ensaio e adicionar 5 ml de reagente de ácido tiobarbitúrico. Tapar a mistura e aquecê-la num banho de água a 95^0 C durante 120 minutos. Em seguida, arrefece-se a mistura e mede-se a absorvância (A_s) a 530 nm numa célula de 10 mm contra água. É também efectuada uma absorvância do branco do reagente (A_b).

$$\text{Thiobarbituric acid number} = \frac{50 \text{ x } (A_s - A_b)}{\text{Weight of the sample}}$$

6. Valor da *para* - anisidina

Num balão volumétrico de 25 ml, tomam-se 2 g de azeite e diluem-se com isooctano. Medir a absorvância (A_1) da solução a 350 nm em relação a um branco de isooctano. Misturar 5 ml da solução de amostra com 1 ml de solução de para-anisidina. Após 10 minutos, mede-se a absorvância desta solução (A_2).

$$\textit{Para} - \text{anisidine value} = \frac{25 \text{ x } [1.2 \text{ x } (A_2 - A_1)]}{\text{Weight of the oil sample}}$$

7. Ensaios Kries

Introduzir 5 ml de óleo num tubo de ensaio e adicionar 5 ml de ácido clorídrico concentrado. Tapar o tubo e agitar vigorosamente durante 30 segundos. Adiciona-se 5 ml de solução etérea de floroglucinol, tapa-se de novo e agita-se durante 30 segundos. A presença de uma coloração rosa ou vermelha na camada ácida indica rancidez.

8. Ensaios de Taufel e Sadler

Num tubo de ensaio, misturam-se 2 ml de óleo com igual quantidade de ácido clorídrico conc. gelado. Insere-se um tampão de algodão na parte superior seca do tubo e humedece-se o algodão com 1 ml de cloroglucinol a 0,1% em álcool e 10 gotas de ácido clorídrico conc. a 20%. O tubo é agitado durante 1-2 minutos. Uma coloração vermelha na superfície inferior do algodão indica rancidez.

9. Estimativa do material polar total

Prepara-se uma coluna cromatográfica e introduz-se um chumaço de lã de vidro na extremidade inferior da coluna. Introduzem-se 25 g de sílica-gel na coluna. Introduzem-se na coluna 100 ml de éter de petróleo e 1 grama de amostra de óleo. Em seguida, deitar 7 lavagens de éter dietílico com as amostras de 1 g de óleo. A solução da mistura obtida é evaporada num aparelho de destilação. O destilado obtido é evaporado num erlenmeyer vazio, que já foi pesado. A diferença de peso do erlenmeyer corresponde ao total de material polar presente.

10. Valor de oxidação total

O valor de oxidação total é calculado do seguinte modo

Índice de oxidação total = 2 x índice de peróxidos + índice de *para-anisidina*

11. Valor Hehner

Num erlenmeyer, pesam-se 2 g de azeite. Saponifica-se com hidróxido de potássio alcoólico. Depois de terminada a saponificação, os sabões são dissolvidos em água quente e tratados com ácido clorídrico concentrado. A mistura é filtrada. Os ácidos gordos remanescentes são pesados num papel de filtro tarado. A diferença de peso corresponde ao valor de Hehner.

12. Valor de iodo

Preparação da solução de Wij

Num erlenmeyer, misturar 26 gramas de iodo com 2 litros de ácido acético glacial. Num erlenmeyer de 250 ml, juntam-se 100 ml de água purificada e procede-se à titulação com soluções de tiossulfato de sódio 0,1 N, até que a cor amarela do iodo quase desapareça. Juntar 1 ml de indicador de amido e titular com agitação vigorosa. A solução é armazenada em frascos com rolha de vidro. O gás cloro seco é passado de um cilindro através de garrafas de lavagem de gás carregadas com ácido sulfúrico concentrado, e as bolhas são passadas através de um tubo de dispersão de gás para a maior parte da solução de iodo.

Esta é a solução de Wij.

Num erlenmeyer, recolher 2 g de amostra de azeite e adicionar 10 ml de tetracloreto de carbono. Adicionam-se cerca de 20 ml de solução de Wij e deixa-se repousar no escuro durante 30 minutos. Em seguida, adicionam-se 15 ml de iodeto de potássio a 10% e 100 ml de água destilada e titula-se com tiossulfato de sódio 0,1 N, utilizando 1 ml de solução de amido como indicador. Prepara-se também um branco juntamente com as amostras de azeite. O índice de iodo é calculado da seguinte forma

$$\text{Iodine value} = \frac{(\text{Blank titrated value} - \text{titrated oil sample value}) \times 1.269}{\text{Weight of the sample}}$$

13. Valor dos dienos conjugados

Num erlenmeyer de 100 ml, adiciona-se uma amostra de 100 mg de óleo a 75 ml de isooctano purificado. Aquece-se o balão até dissolver completamente a amostra, arrefece-se à temperatura ambiente e deixa-se repousar durante 15 minutos. A absorvância (A_0) é medida a 233 nm. O valor dos dienos conjugados é calculado da seguinte forma

$$\text{Conjugated dienes value} = \frac{A_0}{\text{Weight of the sample x cell length in centimeters}}$$

14. Valor dos trienos conjugados

Os trienos conjugados são medidos segundo o mesmo protocolo utilizado para os dienos conjugados. Neste caso, a absorvância é registada a 268 nm.

Avaliação organoléptica

A avaliação organoléptica é geralmente efectuada com base numa escala hedónica de 9 pontos, constituída por membros do júri semi-formados. Os produtos fritos são servidos separadamente aos juízes para evitar a comunicação entre eles durante a avaliação, tendo-lhes sido pedido que avaliassem com base no sabor, na cor, no aroma, na textura, etc.

A escala hedónica de 9 pontos é 1: gosto extremamente, 2: gosto muito 3: gosto moderadamente 4: gosto ligeiramente 5: nem gosto nem desgosto 6: desgosto ligeiramente 7: desgosto moderadamente 8: desgosto muito 9: desgosto extremamente

A escala hedónica de 5 pontos é 1: gosto muito, 2: gosto moderadamente, 3: não gosto nem desgosto 4: desgosto moderado, 5: desgosto muito.

CAPÍTULO-6

Estudo do efeito da fritura repetida com óleo de mostarda

Amostras de óleo

Após um breve inquérito em cinco zonas de Calcutá, verificou-se que o óleo popularmente utilizado para fritar "Telebhajas" (bolinhos fritos) é o óleo de mostarda. Por conseguinte, o óleo escolhido para a operação de fritura foi o óleo de mostarda, que foi obtido no mercado local de Batanagar, Calcutá.

Seleção dos artigos a fritar

Piyaji (cebola frita)

A cebola *(Allium cepa)* contém muitos compostos orgânicos de enxofre, incluindo o sulfóxido de *trans-S-* (1-propenil) cisteína, o sulfóxido *de* S-metilcisteína, o sulfóxido de S-propilcisteína e a cicloalina. Com exceção da cicloalina, estes compostos de enxofre são convertidos em compostos de enxofre mais simples pela enzima alliinase libertada quando a cebola é cortada ou esmagada. Estes compostos mais simples são instáveis e sofrem uma decomposição posterior em sulfuretos (di, tri-, etc.) e outros compostos responsáveis pelo aroma da cebola (especialmente dissulfureto de metilpropilo, trissulfureto de metilpropilo e trissulfureto de dipropilo). A cebola foi escolhida como um dos alimentos a fritar, uma vez que é possível determinar a contribuição do enxofre para a rancidez do óleo e a transferência de enxofre através da barreira e a acumulação de enxofre no óleo.

Dal Vada (bolinho frito de lentilhas pretas)

O urad dal (*Vigna mungo*) utilizado é uma proteína de segunda classe e, além disso, contém alguns aminoácidos não utilizados, pelo que se pode estudar o papel dos aminoácidos na rancidez do óleo.

Preparação de amostras para fritura

Piyaji

Foram colhidas cebolas com um peso total de 15 gramas, descascadas e cortadas em fatias finas. Foi misturada com 6 gramas de besan (farinha de grama em pó), 3 gramas de sal e 3 gramas de malagueta em pó. Adicionou-se também 6 ml de água. A mistura foi depois moldada em bolas e frita durante 2 minutos. Foram fritas três bolinhas em cada fritura.

Dal Vada

Pegou-se em urad dal (lentilhas pretas) em pó, pesando 15 gramas, e misturou-se com 6 ml de água, 6 gramas de sal e 3 gramas de malagueta em pó. A massa foi preparada e moldada em três bolinhos, que foram fritos durante 2 minutos em cada fritura.

Para a fritura, 1 litro de óleo de mostarda foi aquecido até ao respetivo ponto de fumo e os materiais foram fritos nesse óleo. O processo foi repetido 7 vezes sucessivas com um intervalo de 2 dias entre elas. Em 7 frituras sucessivas, o ponto de fumo foi aumentado.

O óleo sem a amostra de alimento foi aquecido até ao respetivo ponto de fumo para avaliar o papel exclusivo da humidade na deterioração da gordura.

Após a fritura, as amostras foram deixadas arrefecer à temperatura ambiente e, em seguida, armazenadas em frascos de vidro que foram enchidos até à borda, assegurando a ausência de oxigénio no espaço livre. As tampas foram seladas com cera de parafina e mantidas no escuro para controlar a difusão do gás.

O óleo de fritura tratado termicamente foi então avaliado quanto aos parâmetros de qualidade. As propriedades físicas e vários parâmetros associados à rancidez do óleo de fritura antes e depois do tratamento térmico foram determinados de acordo com procedimentos normalizados.

O óleo que foi aquecido até ao ponto de fumo sem qualquer produto alimentar, com a adição de uma quantidade medida de água, foi considerado como controlo.

Quadro 1: Variações físico-químicas do óleo de mostarda ocorridas durante a fritura de produtos alimentares e o controlo por sete vezes sucessivas

Tests	Original oil values	Food items	Number of frying						
			1st	2nd	3rd	4th	5th	6th	7th
Colour index	0.156	Piyaji	0.177	0.179	0.180	0.185	0.187	0.188	0.190
		Dal vada	0.183	0.185	0.187	0.188	0.188	0.190	0.190
		Control	0.488	0.495	0.497	0.498	0.500	0.503	0.504
Viscosity (centipoise)	20.05	Piyaji	36.82	107.70	118.12	208.46	208.46	218.88	218.88
		Dal vada	45.16	66.01	87.87	103.85	107.85	131.81	183.74
		Control	37.06	61.32	94.34	103.78	132.08	150.95	174.54
Refractive index	1.10	Piyaji	1.21	1.40	1.60	1.64	1.66	1.70	1.72
		Dal vada	1.17	1.37	1.52	1.61	1.68	1.68	1.69
		Control	1.84	1.86	1.86	1.94	1.94	1.94	1.94
Sulphur (gm %)	Not found	Piyaji	0.16	0.17	0.17	0.17	0.17	0.18	1.74

Perda de peso nos artigos após a fritura

Após a preparação e fritura dos bolinhos, observou-se que, apesar de ambos terem sido tratados com a mesma quantidade de água para fazer a massa, *o piyaji* sofreu uma maior perda de peso na fritura (tabela nº 2). Esta perda de peso no caso do *piyaji* pode ser explicada pelo maior teor de água da cebola (84,3%) do que do urad dal (10,9%).

Quadro 2: Variação do peso antes e depois da fritura de variedades de alimentos fritos

Alimentação	Peso inicial	Peso final	Água adicionada	Redução do peso
artigos	(gms)	(gms)	(ml)	(gms)
Piyaji	11	6	2	5
Dal vada	10	8	2	2

Ponto de fumo

O óleo de mostarda escolhido como meio de fritura para os dois itens e para o controlo foi submetido ao calor sucessivamente durante sete vezes e o ponto de fumo registou um aumento constante (tabela nº 3). O valor máximo observado para os bolinhos de cebola frita indicou uma dependência direta do ponto de fumo não só do número de frituras mas também dos constituintes dos alimentos selecionados.

Quadro 3: Variações da temperatura de fumagem com a progressão do processo de fritura

Piyaji	*Dal Vada*	Controlo
140 oC	140 0C	89 0C
170 oC	152 0C	92 0C
180 oC	170 0C	98 0C
200 0C	190 0C	108 0C
210 0C	220 0C	120 0C
230 0C	220 0C	126 0C
240 0C	220 0C	132 0C

Parâmetros físicos

1. Índice de cores

O escurecimento da cor do óleo durante a fritura deve-se principalmente a compostos carbonílicos insaturados e a compostos não polares. Os produtos de escurecimento de Maillard são também os principais contribuintes para a descoloração do óleo. As alterações de cor estão também relacionadas com a formação de hidroperóxidos, aldeídos e cetonas.[6] Outra causa das alterações de cor é a presença de pigmentos presentes no óleo[16] e que são lixiviados dos alimentos durante a fritura. Assim, o índice de cor reflecte a degradação do óleo. Aqui a intensidade da cor aumentou uniformemente com cada fritura. No controlo, o índice de cor entre a primeira e a sétima fritura apresentou uma diferença de 0,01, ao passo que se observou uma diferença de 0,13 e 0,07 no *piyaji* e no *dal vada*, respetivamente, entre a primeira e a sétima fritura. Observou-se um aumento acentuado máximo entre a segunda e a quarta fritura no óleo de *piyaji* e entre a primeira e a terceira fritura no óleo de *dal vada*. O valor do índice de cor foi mais elevado no controlo, embora o aumento do intervalo do índice de cor tenha sido mais elevado no *piyaji* (quadro n.º 1). A presença de compostos sulfurosos na cebola, que estavam a ser transferidos para o meio de fritura, pode contribuir para um maior gradiente nos valores do índice de cor do óleo *de piyaji.*

2. Viscosidade

Verificou-se que o aumento da viscosidade do óleo de fritura é diretamente proporcional ao número de operações de fritura. A viscosidade máxima, com uma diferença de 182,06 entre a fritura inicial e a final, foi observada no caso do *Piyaji,* com um salto súbito no valor entre a primeira e a segunda fritura. As diferenças semelhantes registadas no *dal vada* e no controlo foram de 138,58 e 137,48, respetivamente. Uma mudança abrupta no valor ocorreu entre a sexta e a sétima fritura no *dal vada*, enquanto no controlo ocorreu entre a primeira e a segunda fritura (quadro n° 1). A viscosidade do óleo de fritura aumenta em consequência da formação de polímeros de elevado peso molecular.[16] A oxidação dos óleos de fritura também é responsável pelo aumento da viscosidade devido à acumulação de lípidos oxidados.[26] Até mesmo a acumulação de compostos polares é responsável pelo aumento da viscosidade. A interação da humidade com os componentes do óleo provoca alterações deteriorativas que levam à formação de substâncias mais viscosas. Todos estes factores, em conjunto, podem desempenhar um papel no aumento da viscosidade do óleo.

3. Índice de refração

O índice de refração em ambos os alimentos ilustrou um aumento gradual do valor com a fritura sucessiva. Registou-se uma diferença de 0,51 em *piyaji,* 0,52 em *dal vada* e um valor baixo de apenas 0,10 entre a primeira e a sétima fritura (tabela no.1). Ocorreu uma mudança abrupta no *piyaji* entre a primeira e a terceira fritura, enquanto o controlo mostrou um aumento gradual do índice de refração. A mudança no índice de refração deveu-se ao aumento da densidade do óleo devido ao maior número de frituras. Embora o controlo apresentasse um valor de refração, mas *o piyaji* e o *dal vada* apresentavam uma gama mais elevada de valores de refração, o que pode dever-se parcialmente à presença de compostos sulfurosos e de aminoácidos incompletos presentes na cebola e no urad dal, respetivamente, e parcialmente à presença de humidade, o que é evidente pelo elevado valor de refração do controlo.

Figura No.1: Representação gráfica da correlação entre viscosidade e índice de refração

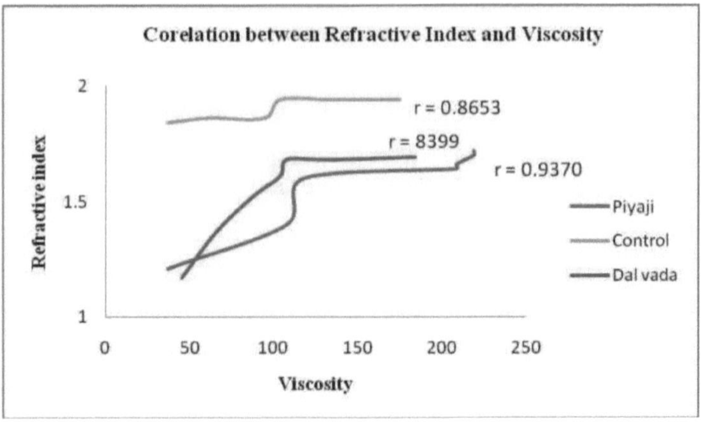

A partir da Figura no. 1, verificamos que existe uma correlação positiva elevada (~ r = 0,937) entre o índice de refração e a viscosidade no caso do *piyaji,* enquanto *o dal vada* e o controlo apresentam uma correlação de (~ r = 0,839) e (~ r = 0,865), respetivamente.

4. Ensaios de enxofre

O teste de presença de enxofre indicou a presença e a acumulação de enxofre no meio de fritura da cebola com o aumento do número de frituras (tabela n.º 1). A presença de enxofre no óleo pode desempenhar um papel importante no aumento da viscosidade do óleo de fritura.

Parâmetros químicos

1. Índice de saponificação

Ambos os itens, juntamente com o controlo, mostraram um aumento gradual no valor de saponificação (tabela n.º 4). Na saponificação, *o piyaji* mostrou um aumento máximo de 18,79, de 1st fritura para 7th , seguido pelo controlo com 11,78 e *dal vada* com 5,89. É uma medida do peso molecular médio (ou comprimento da cadeia) de todos os ácidos gordos presentes no óleo. O óleo sofre rancidez hidrolítica e oxidativa, o que leva à formação de mais quantidades de ácidos gordos livres e de ácidos gordos de baixo peso molecular, o que leva ao aumento do valor de saponificação.[4, 8] Os ácidos gordos de cadeia longa presentes nas gorduras têm um baixo índice de saponificação porque têm um número relativamente menor de grupos funcionais carboxílicos por unidade de massa da gordura, em comparação com os ácidos gordos de cadeia curta.

2. Valor de acidez

O índice de acidez mede a quantidade de grupos de ácidos carboxílicos em ácidos gordos livres gerados no óleo após a fritura. Pode também ser utilizado como indicador da reutilização do óleo, uma vez que o aumento deste valor leva à formação de um sabor desagradável em resultado da degradação do óleo.[8, 11] No óleo de mostarda frito *piyaji*, o valor de acidez registou um aumento total de 10,94 entre a fritura inicial e a final, com uma alteração súbita entre a primeira e a segunda fritura.

No caso do *dal vada* e do controlo, esta diferença no valor de acidez registou uma magnitude de 7,01 e 5,89, respetivamente (quadro n.º 4). Observou-se uma mudança súbita no óleo de *dal vada* entre a sexta e a sétima fritura. Estes valores indicam que, entre as três variedades, a quantidade de ácidos gordos livres formados foi mais elevada no óleo de mostarda frito em *piyaji*. Pode afirmar-se que, entre várias outras razões, o elevado teor de humidade da cebola pode ter conduzido a esta reação hidrolítica progressiva no caso da *piyaji*.

3. Valor de éster

Uma vez que, durante um processo de fritura, o óleo é exposto a temperaturas elevadas, os ésteres gordos são decompostos em ácidos gordos livres.[37] O valor de éster, que é um valor empírico calculado a partir da saponificação e do valor de acidez, indica a quantidade de ésteres de triglicéridos residuais. A diminuição deste valor com o aumento do número de frituras é bastante evidente pelo aumento gradual dos valores de acidez dos dois produtos fritos. A representação gráfica do valor de ésteres de três variedades fritas foi apresentada na figura nº 2. A diminuição do valor de éster é maior no óleo *de piyaji* do que no *dal vada* e no controlo (quadro nº 4), o que sugere que o aumento da quantidade de ésteres de triglicéridos foi decomposto para formar ácidos gordos livres, o que é evidente pelo aumento dos valores de acidez.

Quadro n.º 4: Variação das caraterísticas de qualidade do óleo de mostarda devida principalmente à rancidez hidrolítica

Tests	Original oil values	Food items	Number of frying						
		Piyaji	1st	2nd	3rd	4th	5th	6th	7th
	22.56	Dal vada	39.83	41.51	44.03	50.20	56.66	57.50	58.62
Saponification value (mg/g)		Control	57.50	58.62	59.18	60.02	60.58	62.27	63.39
		Piyaji	50.49	52.17	53.57	54.97	56.66	59.74	62.27
	0.84	Dal vada	1.96	4.20	5.32	8.69	10.65	11.78	12.90
Acid value (mg/g)		Control	1.40	1.52	3.64	3.64	5.04	5.89	8.41
			1.12	2.24	3.64	5.04	5.61	6.45	7.01
	21.72	*Piyaji*	96.64	91.58	90.41	82.68	81.20	79.51	77.99
Ester value (mg/g)		Dal vada	97.56	95.70	93.96	93.78	91.61	90.57	85.71
		Control	97.78	95.70	93.20	90.83	90.09	89.20	88.74

Quadro n.º 5: Variação das caraterísticas de qualidade do óleo de mostarda devida principalmente à rancidez oxidativa

Tests	Original oil values	Food items	Number of frying						
			1st	2nd	3rd	4th	5th	6th	7 th
Peroxide value (mEq/Kg)	7.0	Piyaji	7	10	15	20	30	50	115
		Dal vada	10	40	55	75	80	100	110
		Control	15	25	45	55	80	80	95
Thiobarbituric acid value (mg malonaldehyde/Kg)	0.06	Piyaji	0.67	0.64	0.60	0.60	0.56	0.54	0.51
		Dal vada	0.24	0.31	0.42	0.47	0.53	0.56	0.65
		Control	0.50	0.56	0.61	0.67	0.69	0.70	0.74
Para – anisidine values	0.66	Piyaji	4.82	5.27	7.22	7.97	11.12	17.12	20.12
		Dal vada	1.07	3.32	4.37	5.75	6.47	7.52	9.62
		Control	0.75	1.5	1.95	2.4	2.7	4.95	6.15
Colour tests	No colour	Piyaji	+ ve	+ ve	+ ve	+ ve	+ ve	+ ve	+ ve
		Dal vada	+ ve	+ ve	+ ve	+ ve	+ ve	+ ve	+ ve
		Control	+ ve	+ ve	+ ve	+ ve	+ ve	+ ve	+ ve
Total polar material (gm)	Not found	Piyaji	0.26	0.42	0.56	0.82	0.90	0.90	0.90
		Dal vada	0.27	0.46	0.54	0.57	0.62	0.67	0.75
		Control	0.26	0.31	0.39	0.41	0.50	0.50	0.56
Total Oxidation value	Not found	Piyaji	18.82	25.27	37.22	47.97	71.92	117.12	250.12
		Dal vada	21.07	83.32	114.37	155.75	166.47	207.52	229.62
		Control	30.75	51.50	91.95	112.40	162.70	164.95	196.15
Hehner value (gm)	0.75	Piyaji	0.128	0.12	0.117	0.017	0.014	0.0115	0.0057
		Dal vada	0.6	0.58	0.50	0.48	0.46	0.39	0.32
		Control	0.50	0.43	0.38	0.37	0.24	0.18	0.10
Iodine value (gm of iodine/gm of fat)	6.11	Piyaji	11.65	11.92	12.49	14.72	15.48	17.00	17.19
		Dal vada	8.75	9.39	9.70	10.84	11.23	12.30	12.43
		Control	7.67	8.75	8.81	9.20	9.51	9.77	10.08
Conjugated dienes value	-	Piyaji	0.2898	0.2911	0.2915	0.2928	0.2928	0.2931	0.2951
		Dal vada	0.2766	0.2768	0.2775	0.2776	0.2781	0.2796	0.2805
		Control	0.277	0.278	0.279	0.280	0.281	0.282	0.282
Conjugated trienes value	-	Piyaji	0.287	0.288	0.289	0.291	0.291	0.291	0.291
		Dal vada	0.277	0.277	0.278	0.281	0.281	0.282	0.284
		Control	0.252	0.252	0.253	0.254	0.257	0.257	0.257

Figura No.2: Representação gráfica do valor Ester de três variedades fritas

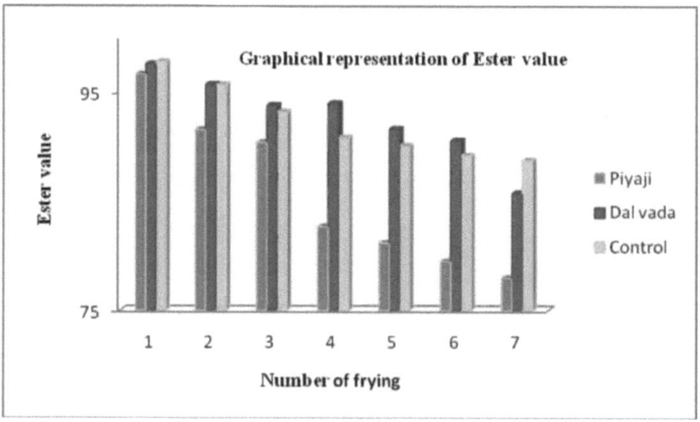

4. Índice de peróxidos

O índice de peróxidos mede o grau de rancidez oxidativa do óleo e a quantidade de substância oxidada formada durante a oxidação dos lípidos.[25] Os produtos de oxidação primários são principalmente hidroperóxidos que resultam da interação do oxigénio singlete com o óleo.[17, 34] Os hidroperóxidos dos produtos de oxidação primária são instáveis em condições de fritura e decompõem-se rapidamente em misturas de compostos voláteis e não voláteis.[23, 60] O índice de peróxidos do óleo de mostarda em que *o piyaji* foi frito mostrou um aumento de 102 mEq/kg entre a primeira e a sétima fritura, ao passo que *o dal vada* e o controlo aumentaram 100 e 80 mEq/kg, respetivamente (quadro n.º 5). A formação de peróxidos foi assim notada como sendo mais elevada no caso dos óleos em que alguns alimentos foram fritos. Assim, os ingredientes alimentares contribuem definitivamente para uma maior quantidade de rancidez oxidativa.

5. Valor do ácido tiobarbitúrico

O valor do ácido tiobarbitúrico mede a taxa de rancidez oxidativa através da formação de lípidos oxidados - o malonaldeído, que é um aldeído não volátil.[43, 44] O aumento do valor do ácido tiobarbitúrico com sete frituras sucessivas foi máximo no controlo, com um valor de 0,41 mg de malonaldeído/Kg de amostra. No *dal vada*, o aumento do valor de TBA foi de 0,2 unidades (tabela n.º 5). É de salientar aqui que, ao contrário de outros parâmetros de rancidez oxidativa, a formação de malonaldeído foi menor no *piyaji*, com uma redução de apenas 0,16 entre a primeira e a sétima fritura. Enquanto nos outros dois casos a formação de malonaldeído aumentou com o número de frituras, *o piyaji* apresentou uma diminuição na formação de malonaldeído. O malonaldeído é instável e pode sofrer decomposição para formar novos produtos, dependendo do tempo, da concentração do reagente e do pH.[68] Especialmente em soluções neutras e ácidas, produz 1,3,5-benzentricarbaldeído que existe como uma estrutura cíclica.[69] Além disso, a presença de antioxidantes sob a forma de flavonóides (por exemplo, quercetina, isorhamnetina, taxifolina e seus glucósidos) na cebola pode reduzir o nível de malonaldeído no *óleo de piyaji*. Assim, pode concluir-se que, durante a clivagem oxidativa dos componentes do óleo, a formação de malonaldeído foi mais controlada do que a do óleo em que os alimentos são fritos.

6. Valores de *para* - anisidina

O valor *da para-anisidina* reflecte a magnitude dos produtos de oxidação secundários aldeídicos e a taxa de formação destes produtos.[65] Os valores de para-anisidina do óleo em que os alimentos foram fritos por sete vezes sucessivas, aumentam mais no óleo *de piyaji* (15,30), seguido do *dal vada* (8,55) e do controlo (5,4), respetivamente (quadro nº 5). Os valores de para-anisidina do óleo de fritura indicam, assim, que a taxa de formação de compostos carbonílicos voláteis ou aldeídos/cetonas[8,11] , durante a clivagem oxidativa do óleo, foi mais elevada no óleo *de piyaji.*

Os valores de *para-anisidina* estão bem correlacionados com os valores de peróxido das três variedades fritas, uma vez que o aumento do estado oxidativo do óleo, marcado pela formação de hidroperóxidos, leva à formação de compostos carbonílicos voláteis, como aldeídos e cetonas. Assim, as três variedades fritas apresentaram uma correlação positiva com os valores de peróxido e os valores de para-anisidina.

Figura n.º 3: Correlação entre o valor do ácido tiobarbitúrico e o índice de peróxidos

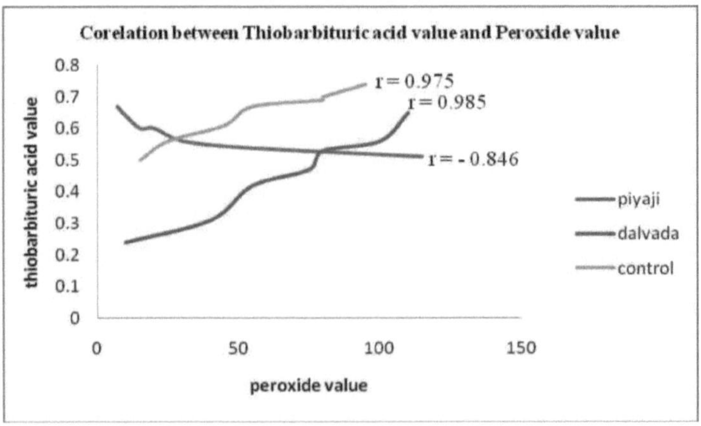

A partir da Figura no. 3, verificamos que existe uma correlação positiva elevada (~ r = 0,98) entre o valor do ácido tiobarbitúrico e o valor do peróxido no caso do *dal vada* e do controlo, enquanto *o piyaji* apresentou uma correlação igualmente elevada (~ r = 0,85), mas de natureza negativa.

Figura n.º 4: Correlação entre o índice de peróxidos e os valores de *p-anisidina*

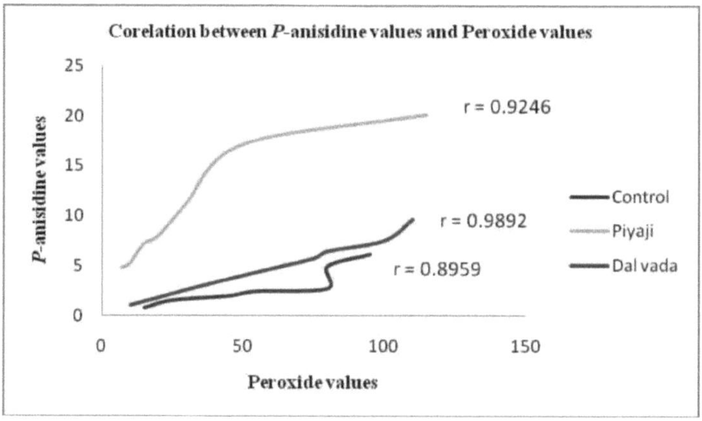

A partir da Figura no. 4, verificamos que existe uma correlação positiva elevada (~ r = 0,989), (~ r = 0,924) e (~ r = 0,895) entre os valores de p-anisidina e os valores de peróxido no caso do dal vada, *piyaji* e controlo, respetivamente.

7. Testes de Kries e testes de Taufel e Sadler (cor)

Todos os óleos obtidos de diferentes lotes de fritura, bem como o controlo, responderam positivamente aos testes de desenvolvimento da cor (tabela nº 5). Como este teste é um marcador de rancidez oxidativa, indicando a ocorrência de epihidrinaldeído não volátil,[16] como resultado da clivagem oxidativa do óleo, o resultado significou a não utilização e reposição do óleo da segunda fritura.

8. Material Polar Total

Durante a fritura, há uma formação de materiais polares como aldeídos, ácidos cetónicos, etc., que varia com o tempo, a temperatura e vários outros factores. O material polar total é um indicador mais fiável da qualidade do óleo de fritura do que o valor dos ácidos gordos livres.[30, 43] Considera-se que a vida útil de uma fritura chega ao fim se o valor de TPM atingir 24 %[43] Nas duas amostras e no controlo, o TPM mostrou um aumento proporcional do valor com o processo de fritura subsequente. A maior acumulação de material polar foi registada no óleo *de piyaji* (90%), ao passo que os outros dois foram comparativamente menores, apresentando um máximo de 75% e 56% no *dal vada* e no controlo (quadro nº 5). Os valores de TPM estabeleceram assim a não utilização do óleo logo após a primeira fritura. Existe uma relação gráfica que mostra a acumulação de material polar com o número de frituras (figura nº 5).

9. Valor de oxidação total

O índice de oxidação total é um parâmetro empírico, uma vez que corresponde a dois parâmetros diferentes com duas unidades diferentes. É igual à soma dos valores de para-anisidina mais o dobro dos valores de peróxido. Assim, mantendo a paridade com estes valores, os valores TOTOX óbvios foram calculados e representados na figura seguinte (nº 6). O maior aumento da taxa de oxidação total do óleo de mostarda frito *piyaji* foi atribuído ao aumento do valor de peróxido e dos valores de para-anisidina.

Figura n.º 5: Representação gráfica da matéria polar total de três variedades fritas

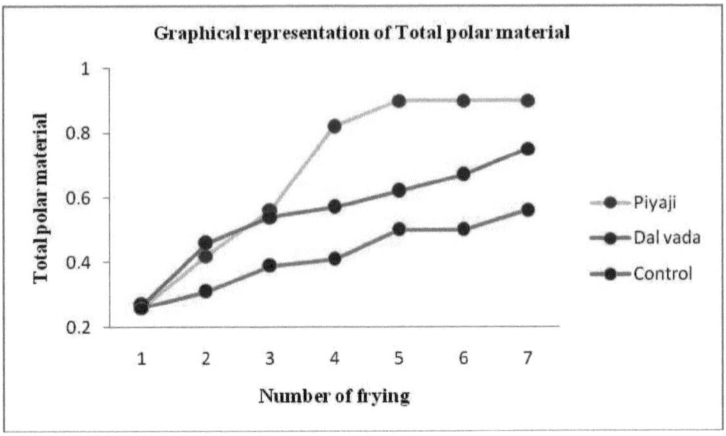

Figura n.º 6: Representação gráfica do valor TOTOX de três variedades fritas

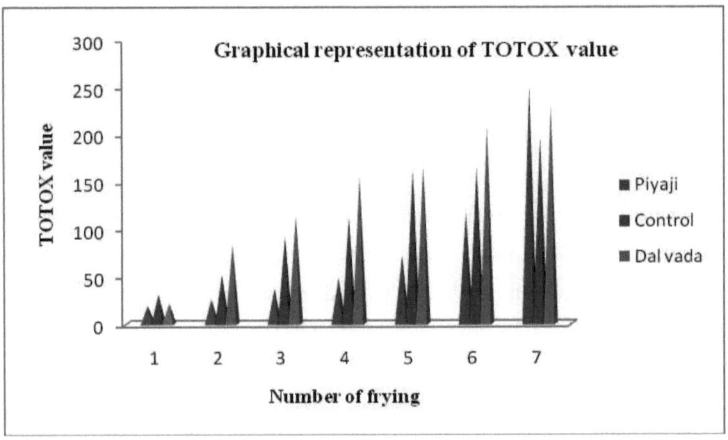

10. Valor Hehner

Ao contrário da maioria dos outros parâmetros, o valor de Hehner dos produtos alimentares revelou uma redução gradual dos valores com a fritura subsequente. O valor caiu para o mínimo em *piyaji,* em comparação com o controlo e *dal vada*, respetivamente (tabela no.5). A diminuição dos valores entre a segunda e a sétima fritura foi de 0,12 gramas em *piyaji,* 0,26 gramas em *dal vada* e 0,40 gramas no controlo. O valor de Hehner mede os ácidos gordos insolúveis presentes no óleo. Os resultados experimentais indicam claramente uma menor quantidade de ácidos gordos insolúveis no caso da *piyaji.* Uma vez que o óleo *de piyaji* sofre uma taxa mais elevada de deterioração térmica, o ácido gordo de elevado peso molecular decompõe-se, formando ácidos gordos de baixo peso molecular com menor número de carbonos. Estes ácidos gordos são sobretudo solúveis em água. Este facto também se manifesta no valor de saponificação discutido anteriormente.

11. Valor de iodo

O índice de iodo mede o grau de insaturação do óleo.[38] Todos os itens mostraram um aumento esperado no índice de iodo, uma vez que o uso contínuo do calor pode levar à formação de mais ácidos gordos com insaturação de ligações duplas e triplas. No caso dos ácidos gordos polinsaturados, as ligações duplas podem ser conjugadas e/ou não conjugadas.[49, 52] O valor de iodo no óleo de *Piyaji* registou um aumento total de 5,46 unidades da primeira à sétima fritura, com um pico de aumento da terceira à quarta fritura (quadro nº 5). O aumento do valor foi comparativamente mais gradual no *dal vada* (3,08) e no controlo (2,41).

12. Valor dos dienos e trienos conjugados

A formação de dienos e trienos conjugados como resultado da fritura requer a presença de ácidos gordos insaturados com pelo menos duas ligações duplas e com mais de duas ligações duplas, respetivamente[52] nas amostras de lípidos. A medição da absorvância UV a 233 nm e 268 nm indica a formação de dienos e trienos conjugados. A quantidade de ligações duplas conjugadas e de trienos conjugados foi mais elevada no *piyaji* do que no controlo e no *dal vada* (tabela n.º 5). Estes valores funcionam como um indicador do aumento da oxidação lipídica e corroboram a maior instabilidade térmica do óleo de mostarda frito *com piyaji.*

Figura n.º 7: Diagrama de dispersão das linhas de regressão estimadas para o material polar total e para os sabores das variedades fritas

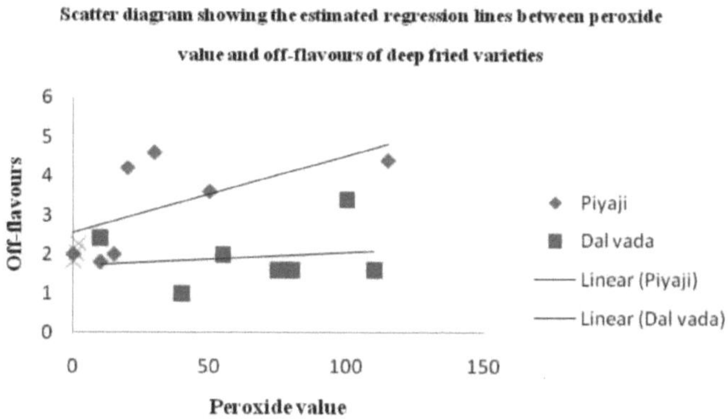

As rectas estimadas são y = 0,317 + 4,282 x e y = 1,822 + 0,2169 x *parapiyaji* e *dal vada*

A partir do diagrama de dispersão na figura no. 7, verificamos que a acumulação de material polar total aumenta os sabores estranhos mais em *piyaji* do que em *dal vada*, como é evidente pelos declives (b_{piyaji} = 4,28) e ($b_{dalvada}$ = 0,216).

13. Avaliação organoléptica

Utiliza-se aqui a escala hedónica de 5 pontos, na qual os provadores indicam até que ponto gostam ou não gostam do alimento. A avaliação foi efectuada com o *piyaji* e o *dal vada* uma hora depois de cada uma das sete frituras realizadas com um intervalo de dois dias.

A avaliação organoléptica do *piyaji* e do *dal vada* sugere que o seu aspeto, cor, aroma e sabor começaram a deteriorar-se visivelmente a partir da terceira fritura. No final do processo de fritura, verificou-se uma alteração acentuada da cor e do sabor, juntamente com a geração de um sabor a fumo proveniente de ambos os produtos.

Figura n.º 8: Diagrama de dispersão das linhas de regressão estimadas do índice de peróxidos e dos sabores estranhos das variedades fritas

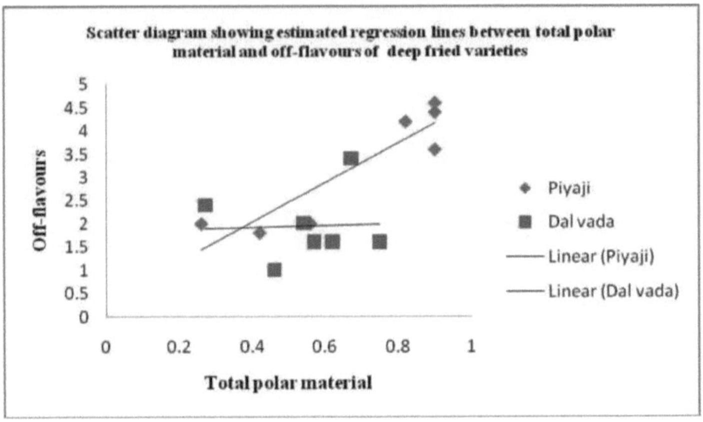

As rectas estimadas são y = 0 + 0,0198 x e y = 1,714 + 0,0034 x *parapiyaji* e *dal vada*

A partir das linhas de regressão estimadas na figura no. 8, é revelado que o aumento do valor de peróxido leva à ocorrência de sabores estranhos numa extensão muito maior *em* $_{piyaji}$ (b $_{piyaji}$ = 0,019) do que em *dal vada* (b $_{dal\ vada}$ = 0,003).

Em suma, pode afirmar-se que, à exceção da diminuição do nível de malonaldeído, o óleo de fritura *de piyaji* sofreu o máximo de rancidez oxidativa e hidrolítica, com elevada acumulação de diferentes materiais polares, do que o outro produto, o *dal vada.* A degradação do óleo de fritura ocorreu em ambos os casos a tal ponto que, de acordo com os parâmetros físico-químicos e organolépticos acima referidos, o óleo se tornou rançoso e quase inutilizável após a primeira fritura.

CAPÍTULO 7

Conclusão

O óleo de mostarda sem marca, processado localmente, ao ser exposto a altas temperaturas devido à fritura repetida de dois alimentos durante sete vezes sucessivas, sofreu alterações substanciais de deterioração. O ponto de fumo do óleo de mostarda continuou a aumentar com o aumento do número de frituras. A elevação do ponto de fumo pode ser atribuída à formação de substâncias altamente viscosas, material polar. No caso do *piyaji*, pode também dever-se à acumulação de enxofre, que ocorreu devido à transferência do mesmo através da barreira. O aumento da viscosidade do óleo, registado em ambos os casos, devido a vários materiais polares oxidados, materiais poliméricos, diferentes constituintes de ambos os produtos alimentares, incluindo pigmentos (como os presentes na cebola), mostrou uma correlação positiva com o índice de refração do óleo de fritura, bem como com o controlo. Um aumento do índice de acidez e de saponificação tanto no óleo alimentar frito como no controlo indica a formação de ácidos gordos de baixo peso molecular contendo ligações duplas conjugadas e/ou trienos conjugados. Uma vez que estes ácidos gordos são principalmente solúveis em água, o valor de Hehner diminuiu proporcionalmente, manifestando a redução de ácidos gordos insolúveis. O valor crescente de peróxido do óleo de fritura significa um aumento da rancidez oxidativa, causando uma clivagem no óleo para produzir hidroperóxidos. Os valores de para-anisidina também aumentaram proporcionalmente, mostrando uma correlação positiva elevada com o valor de peróxido, indicando a geração de vários aldeídos voláteis. Os testes de cor também apontam para a formação de epihidrinaldeído após a primeira fritura. O valor do ácido tiobarbitúrico, que é um indicador da formação de malonaldeído, revelou resultados muito interessantes. Embora, de um modo geral, a deterioração do óleo tenha sido máxima no óleo de mostarda *frito com piyaji*, a quantidade de malonaldeído, um aldeído não volátil, diminuiu neste óleo, o que mostra uma correlação negativa elevada com o índice de peróxidos. Pelo contrário, o óleo frito com *dal vada* e o óleo de controlo apresentaram uma correlação igualmente elevada, mas positiva, entre estes dois parâmetros. As acumulações totais de materiais polares também aumentam com a fritura e registam o valor mais elevado no óleo frito *de piyaji.*

Das duas amostras assim estudadas*, o piyaji* apresentou um valor deteriorativo elevado em todos os aspectos, exceto no que diz respeito ao desaparecimento do malonaldeído do meio de fritura, apesar de registar uma oxidação lipídica global mais elevada. Finalmente, pode concluir-se que, para além da humidade endógena e/ou exógena, o papel dos componentes dos alimentos fritos em óleo actuou como um fator importante na moderação da deterioração da qualidade do óleo. Todos estes valores obtidos nos diferentes testes de avaliação indicam a rancidez e, por conseguinte, a não reutilização do óleo logo após a primeira fritura.

CAPÍTULO 8

Bibliografia

1. Aho L., Wahlroos O., "A comparison between determinations of the solubility of oxygen in oils by exponential dilution and chemical methods", Journal of American Oil Chemists Society, 66 (1), (1967), 464-469.

2. Aidos I., Lourencos, Van Der Padt A., Luten J. B., Boom R. M., "Stability of Herring oil produced from fresh by-products : Influence of temperature during storage", Journal of Food Science, 67 (3), (2002), 3314-3320.

3. Aluyor O. E. e Ori-jesu M., 'The use of antioxidants', African Journal of Biotechnology, 7 (25), (2008), 4836-4842.

4. Anwar F., Hussain I. A., Iqbal S., Bhanger I. M., "Enhancement of the oxidative stability of some vegetable oils by blending *withMoringa oleifera* oil", Food Chemistry, 103 (4), (2007), 1181-1191.

5. Bensmira M., Jiang B., Nsabimana C., Jian T., 'Effect of Lavender and Thyme incorporation in sunflower seed oil on its resistance to frying temperatures', Food Research International, 40 (3), (2007), 341-346.

6. Bhattacharya B. A., Sajilata M. G., Singhal S. R., 'Lipid profile of foods fried in thermally polymerized palm oil', Food Chemistry, 109 (4), (2008), 808-812.

7. Boran G., Karacam H., Boran M., "Changes in the quality of fish oils due to storage temperature and time", Food Chemistry, 98 (4), (2006), 693-698.

8. Chang S. S., Peterson J. R., e Ho Chi-T., 'Chemical reactions involved in the deep-fat frying of foods', Journal of American Oil Chemists Society, 55 (10), (1978), 718-727.

9. Che M. B. Y., Jaswir I., 'Effect of Rosemary and Sage extracts on frying performance of refined, bleached and deodorized (RBD) palm olein during deep-fat frying', Food Chemistry, 69 (3), (2000), 301-307.

10. Chiavaro E., Estrada R., Teresa M., Vittadini E., 'Aquecimento por micro-ondas de diferentes óleos vegetais: Relação entre parâmetros químicos e térmicos", LWT- Food Science and Technology, 43 (7), (2010), 104-112.

11. Choe E., Min D.B., 'Chemistry of Deep-Fat Frying Oils', Journal of Food Science, 72 (5), (1997), 77-86.

12. Chotimarkorna C., Silalaib N., 'Addition of rice bran oil to soybean oil during frying increases the oxidative stability of the fried dough from rice flour during storage', Food Research International,

41 (3), (2007), 308-317.

13. Chu Hwa Y., Kung L.Y., "A study on vegetable oil blends", Food Chemistry, 62 (2), (1998), 191-195.

14. Clodoveo L. M., Delcuratolo D., Gomes T., Colelli G., "Effect of different temperatures and storage atmospheres on *Coratina* olive oil quality", Food Chemistry, 102 (3), (2007), 571576.

15. Coscione R. A., Artz E. W., 'Vegetable Oil Stability at Elevated Temperatures in the Presence of Ferric Stearate and Ferrous Octanoate', Journal of Agriculture and Food Chemistry, 53 (6), (2005), 2088-2094.

16. Dobarganes M. C., Marquiez-Ruiz G., Velasco J., 'Interactions between fat and food during deep-frying', European Journal of Lipid Science & Technology, 102 (8-9), (2000), 521-528.

17. Dobarganes M. C., Velasco J., "Analysis of lipid hydroperoxides", European Journal of Lipid Science and Technology, 104 (7), (2002), 420-428.

18. Endo Y., Usuki R., Kaneda T., "Antioxidant effects of chlorophyll and pheophytin on the autoxidation of oils in the dark", Journal of American Oil Chemists Society, 62 (8), (1985), 1375-1378.

19. Francisca G., Isabel M., "Action of chlorophylls on the stability of virgin olive oil", Journal of American Oil Chemists Society, 69 (6), 1992, 866-871.

20. Frankel E. L., "Hydrogen peroxide decomposition In: Lipid Oxidation", The Oily Press, Dundee, UK, 3rd edition (1998), 161-186.

21. Frankel E. N. e Huang S. W., "Improving the oxidative stability of polyunsaturated vegetable oils by blending with high-oleic sunflower oil", Journal of American Oil Chemists Society, 71 (3), (1994), 255-259.

22. Frankel N. E., "Antioxidants in lipid foods and their impact on food quality", Food Chemistry, 57 (1), (1996), 51-55.

23. Fullana A., A. A., Barrachina C., Sidhu S., 'Comparison of Volatile Aldehydes Present in the Cooking Fumes of Extra Virgin Olive, Olive, and Canola Oils', Journal of Agriculture and Food Chemistry, 52 (16), (2004), 5207-5214.

24. García N. G., Suárez R. J. C., Quiñones C. E., "Storage stability of liver oil from two ray *(Rhinoptera bonasus* and *Aetobatus narinari)* species from the Gulf of Mexico", Food Chemistry, 119 (4), (2007), 1578-1583.

25. German J. B., "Food processing and lipid oxidation", Advanced Experimental Medical Biology,

459, 8th edition (1999), 23-50.

26. Goburdhun D., Jhurree B., 'Effect of deep-fat frying on the fat oxidation of soybean oil', International Journal of Food Science and Nutrition, 46 (4), (1995), 363-371.

27. Goburdhun D., Seebun P. Ruggoo A., 'Effect of deep-fat frying of potato chips and chicken on the quality of soybean oil', Journal of Consumer Studies and Home Economics, 24 (4), (2001), 223-233.

28. Gwo Y. Y., Flick Jr. G. J., Dupuy H. P., Ory R. L., Baran W. L., "Effect of ascorbyl palmitate on the quality of frying fats for deep frying operations", Journal of American Oil Chemists Society, 62 (12), (1985), 1666-1671.

29. Hahm T. S., 'Effects of initial peroxide contents on the oxidative stability of Soybean Oil to prevent environmental pollution', Journal of Environmental Research, 1 (1), (1988), 112120.

30. Harold Y. B., Hussin Wan W. R., 'Comparison of frying performance of refined, bleached, deodorized palm olein and coconut oil'. Journal of Food Lipids, 5 (3), (2000), 197-210.

31. Hemalatha S., Ghafoorunissa, 'Sesame lignans enhance the thermal stability of edible vegetable oils', Food Chemistry, 105 (3), (2007), 1076-1085.

32. Holownia K. I., Erickson M. C., Chinnan M. S., Eitenmiller R. R., "Tocopherol losses in peanut oil during pressure frying of marinated chicken strips coated with edible films", Food Research International, 34 (1), (2001), 77-80.

33. Iqbal S., Bhanger M. I., "Stabilization of sunflower oil by garlic extract during accelerated storage", Food Chemistry, 102 (1), (2007), 246-254.

34. Katragadda Rao H., Fullana Andrés, S., "Emissions of volatile aldehydes from heated cooking oils", Food Chemistry, 120 (1), (2007), 59-65.

35. Kim H., Choe E., 'Effects of egg yolk powder addition to the flour dough on the lipid oxidation development during frying', LWT- Food Science and Technology, 41 (5), (2008), 845-853.

36. Kim J., Kim N. D., Lee Ho S., Yoo Ho S., Lee S., 'Correlation of fatty acid composition of vegetable oils with rheological behaviour and oil uptake', Food Chemistry, 118 (2), (2010), 398-402.

37. Lee Y. C., Oh S. W., Chang J., Kim I. H., 'Chemical composition and oxidative stability of Safflower Oil produced from safflower seeds roasted in different temperatures', Food Chemistry, 84 (8), (2004), 1-6.

38. Manral M., Pandey M. C., Jayathilakan K., Radhakrishna K., Bawa A. S., 'Effect of fish *(Catla Catla)* frying on the quality characteristics of sunflower oil', Food Chemistry, 106 (2), (2008), 634-

639.

39. Martin-Polvillo M., Dobargens M. C., 'Oxidative stability of Sunflower Oil differing in unsaturation degree during long term storage at room temperature', Journal of American Oil Chemists Society, 94 (2), (2004), 7244-7253.

40. Min D. B., Wen J., "Effects of citric acid and iron levels on the flavour quality of oil", Journal of Food Science, 48 (2), (1983), 791-793.

41. Mohdaly A. A. A., Sarhan A. M., Mahmoud A., 'Antioxidant efficacy of potato peels and sugar beet pulp extracts in vegetable oils protection', Food chemistry, 123 (4), (2010), 10191026.

42. Navas B. P. , Duran C. A., 'Effect of black tea, garlic and onion on corn oil stability and fatty acid composition under accelerated oxidation', International Journal of Science and Technology, 41 (3), (2005), 243-247.

43. Naz S., Siddiqi R., Sheikh H., Sayeed A. S., 'Deterioration of olive, corn and soybean oils due to air, light, heat and deep-frying', Food Science International, 38 (2), (2005), 127-134.

44. Parker T. D., Adams D. A., Yu L., Zhouk, Harris M., 'Fatty acid composition and oxidative stability of cold pressed edible seed oils', Journal of Food Science, 68 (1), (2003), 12401243.

45. Ravi R., Prakash M., Bhat K. K., 'Sensory odor profiling and physical characteristics of edible oil blends during frying', Food Research International, 38 (1), (2005), 59-68.

46. Rhee K. S., Housson S. E., Ziprin Y. A., 'Enhancement of Frying Oil Stability by a Natural Anti-oxidative Ingredient in the Coating System of Fried Meat Nuggets', Journal of Food Science, 57 (3), (1999), 789-791.

47. Romero A., Bastida S., Muniz Sánchez F. J., 'Cyclic fatty acid monomer formation in domestic frying of frozen foods in sunflower oil and high oleic acid sunflower oil without oil replenishment', Food & Chemical Toxicology, 44 (10), (2006), 1674-1681.

48. Salta F. N., Mylona A., Chiou A., Boskou G., Andrikopoulos N. K., "Oxidative Stability of Edible Vegetable Oils Enriched in Polyphenols with Olive Leaf Extract", Food Science and Technology International, 13 (6), (2007), 413-421.

49. Sanibal E. A. A., Filho Mancini J., 'Frying Oil and Fat Quality Measured by Chemical, Physical, and Test Kit Analyses', Journal of American Oil Chemists Society, 81 (9), (2004), 847-852.

50. Satter A., De Man J. M., Alexander J. C., "Effect of wavelength on light induced quality deterioration of edible oils and fats", Journal of Food Science and Technology, 9 (3), (1976), 108-113.

51. Seamana Y. V., Bennettb H. D., Cahillc M. T., "Indoor acrolein emission and decay rates

resulting from domestic cooking events", Atmospheric Environment, 43 (39), (2009), 61996204.

52. Sebedioa J. L., Ratnayake W. M. N., B., J., Ackmanb R. G., "Stability of polyunsaturated omega-3 fatty acids during deep fat frying of Atlantic Mackerel" (Scomber scombrus L.), Food Research International, 26 (3), (1993), 163-172.

53. Shiela P. M., Sreerama Y. N., Gopala Krishna A. G., 'Storage stability evaluation of some packed vegetable oil blends', Journal of American Oil Chemists Society, 81 (12), (2004), 201-207.

54. Silva L., Pinto J., Carrola J., Martins P. F., 'Oxidative stability of olive oil after food processing and comparison with other vegetable oils', Food Chemistry, 121 (4), (2010), 1177-1187.

55. Smith A. S., King E. R., Min B. D., "Oxidative and thermal stabilities of genetically modified high oleic sunflower oil", Food Chemistry, 102 (4), (2007), 1208-1213.

56. St. Angelo A. J., "Lipid Oxidation in foods", Food Science and Nutrition, 36 (2), (1996), 175224.

57. Tan C. P., Che Man Y. B., Selamat J., Yusoff M. S. A., "Comparative studies of oxidative stability of edible oils by differential scanning calorimetry and oxidative stability index methods", Food Chemistry, 76 (9), (2002), 385-389.

58. Tseng Chang Y., Moreira R., Sun X., 'Total frying-use time effects on soybean-oil deterioration and on tortilla chip quality', International Journal of Food Science and Technology, 31 (3), (1995), 287-294.

59. Valdesa F. A., Garcia B. A., A., "A study of the evolution of the physicochemical and structural characteristics of olive and sunflower oils after heating at frying temperatures", Food Chemistry, 98 (2), (2006), 214-219.

60. Vellasco J., Dobargens C., "Oxidative stability of Virgin Olive Oil", European Journal of Lipid Science and Technology, 104 (5), (2002), 661-676.

61. Warner K., Gupta M., 'Frying Performance of Modified Canola oil', Journal of Food Science, 70 (6), (2000), 395-400.

62. Warner K., Knowlton S., "Frying quality and oxidative stability of high-oleic corn oils", Journal of American Oil Chemists Society, 74 (10), (1997), 1317-1322.

63. Warner K., Neff E. W., Byrdwell Craig W., Gardner W. H., "Effect of Oleic and Linoleic Acids on the Production of deep-fried odor in Heated Triolein and Trilinolein", Journal of Agriculture and Food Chemistry, 49 (2), (2001), 899-905.

64. Warner K., Orr P., Glynn M., "Effect of fatty acid composition of oils on flavor and stability of fried food", Journal of American Oil Chemists society, 74 (4), (1997), 347-356.

65. Xu Qing X., Tran Hung V., Palmer M., White K., Salisbury P., 'Chemical and Physical analyses and sensory evaluation of six deep-frying oils', Journal of American Oil Chemists Society, 76 (9), (1999), 1091-1099.

66. Yaghmur A., Aserin A., Mizrahi Y., Nerd A., Garti N., "Evaluation of Argan Oil for deep-fat Frying", Lebensmittel-Wissenschaft and-Technologie, 34 (3), (2001), 124-130.

67. Zunin P., A., Leardia R., Bisioa A., Boggiaa R., Romussia G., "Oxidative stability of virgin olive oil enriched with carnosic acid", Food Research International, 43 (5), (2010), 15111516.

68. Zuk C., John W. H., Kermit L., 'Effect of pH, concentrations and aging on the malonaldehyde reactions with proteins', Lipids, 7 (4), (1972), 229-233.

69. Zulmut H., 'Formation and polymerization of malonaldehyde during irradiation of aqueous solutions of D-glucose and lactose with ultrasound', Carbohydrate Research, 154 (1), (1986), 37-48.

MIX
Papier aus verantwortungsvollen Quellen
Paper from responsible sources
FSC® C105338

Printed by Books on Demand GmbH, Norderstedt / Germany